みやぎ　木の花　散歩みち

はじめに

四季を通じて自然界はさまざまな風景を繰り広げてくれます。

春は若葉萌(も)え、草花が美しく咲き乱れ、夏には緑の葉が茂り、秋には紅葉が野や山を彩る。そして、冬には純白の雪が覆い尽くすその下で、厳しい寒さに耐えていた木々は、やがて芽を吹き、花の季節を迎えます。

身近に咲く花の名前の由来やその植生、話題を知ると、親しみが増すと思います。植物体の基礎的な知識の上に、栽培管理などを考えることによって、さらに関心を高めてもらえれば幸いです。

目　次

◆春

◆初夏

◆夏

◆秋・冬

早春

コウバイ（紅梅）

バラ科／落葉高木／開花＊2月
花ことば＊優美

梅の園芸種の一つである紅梅系の総称。多くは香りの良い濃い紅花で、一重咲きと八重咲きがある。品種は大盃、寒紅梅、佐橋紅など。

「万葉集」のころは白梅、平安時代は紅梅がもてはやされたという。「源氏物語」に登場する架空の人物に通称「紅梅大納言」がいる。

花の句・うた

だまされて紅梅うらむ余寒哉　正岡子規

ロウバイ(蝋梅)

ロウバイ科／落葉低木／開花＊2月
花ことば＊慈しみ

江戸時代の初期に中国から渡来した。厳寒期の庭に、寒さに耐えるように咲いている花木である。別名カラウメ(唐梅)ともいうが、分類上ウメとは関係ない。

葉が出る前に、半透明でつやがあって香の良い黄色い花を、下向き、または横向きに付ける。

名前の由来は、ろう細工のような花が、梅に似た香を放つから。

花の句・うた

蝋梅や見知らぬ人と仰ぎけり　松岡推月

ハクバイ（白梅）

バラ科／落葉高木／開花＊2〜3月
花ことば＊気品

春の訪れは、まず梅によって知らされる。別名春告草ともいう。花芽は１節につき１個となるため、モモと比べ、開花時の華やかな印象は薄いが、交配や変異によって、品種がすこぶる多い。

梅は万葉人に愛され、萩に次いで多く詠まれている。万葉集には梅にウグイスを配した歌も多い。

花の句・うた

春の野に鳴くや鶯なつけむと
我が家の園に梅の花咲く　　第５巻837

ツバキ（椿）

ツバキ科／常緑高木／開花＊2〜4月
花ことば＊理想の愛、美徳

枝先に赤色の花が１個ずつ咲く。春に花を咲かせることから、日本では「椿」という国字になっている。

名前の由来は①葉が丈夫なので「強葉木（つよばき）」②葉に艶があることで「艶葉木（つやばき）」③葉が厚いので「厚葉木（あつばき）」―から来た、などの諸説がある。いずれも「ツバキ」に転訛（てんか）したという。18世紀にヨーロッパに渡り、高級娼婦との恋の思い出を描いた小デュマの戯曲「椿姫」の題材となった。

花の句・うた

よく咲いてよく落ちてくる椿かな　　北上喜久子

コブシ（辛夷）

モクレン科／落葉高木／開花＊3月
花ことば＊友情、愛らしさ

早春に葉に先立って、小枝の先にほのかな芳香のある白い花を一個ずつ、枝いっぱいに咲かせる。ヒメコブシは樹高がやや低く、花弁がかれんで、花色は白からピンクまである。

花の下に小型の１枚の若葉が付く。枝ぶりも優しい。つぼみが開く前、開花の様子が子どものこぶしのように見えることから名前が付いた、という説もある。

花の句・うた

辛夷咲く北の大地の息づかひ　　橋本幹夫

木の豆知識

＊木と草の違いは？

木（樹木）には年輪があるが、草（草本）には年輪がない。ただし、竹類は年輪がないが、例外として樹木の部に分類されている。

◎木

・樹形…高木（喬木）、低木（灌木）、つる性に分けられる。

・生態…常緑樹と落葉樹に分けられる。

※ハマギク（浜菊）は落葉低木、すなわち樹木である。

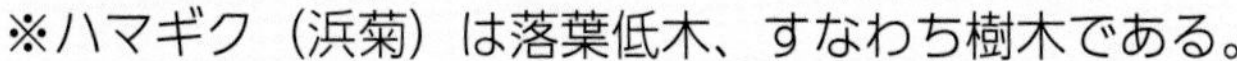

◎草

・一年草と多年草に分けられる。

・一年草…発芽した年に開花、枯死する。

・多年草…地上部はその年に枯れるが、地下部は越冬し、春になると花を付ける。

※ハギ（萩）は草本類の多年草である。

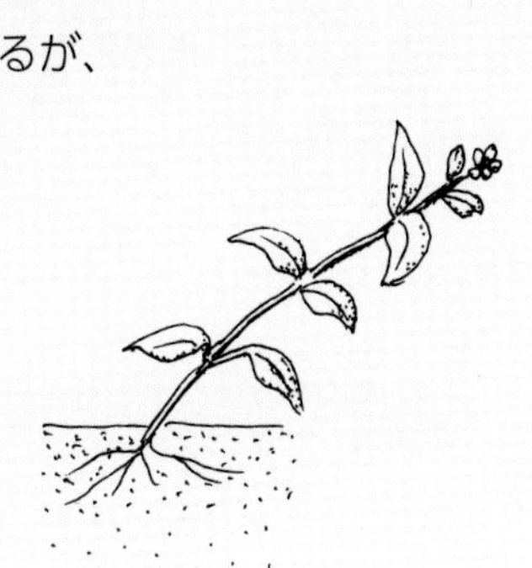

ヒイラギナンテン（柊南天）

メギ科／常緑低木／開花＊3月
花ことば＊愛情は増すばかり

長い花穂に小さく黄色い花を多数付ける。花弁は6枚で、先が二つに裂ける。雄しべは6個、がく片は9枚である。

照りのある複葉が南天に似ていて、ヒイラギのようにとげがある。果実の付き方も南天に似ている。庭木としてよく植えられている。高さも南天ほどで、樹皮はコルク質、まばらに枝分かれする。

花の句・うた

屋敷守る柊南天冬紅葉　　遊雀

アセビ（馬酔木）

ツツジ科／常緑低木／開花＊3月
花ことば＊献身、あなたと2人で旅を

庭先でよく見かける。釣り鐘形でスズランのような、小さな白い花が多数連なり、垂れ下がって咲く。

有毒植物で、食べると「足がしびれる」ことから、「足しべり」と言われ、転じて「アセビ」になったという。馬が食べたかどうかは不明。

万葉集に10首詠まれており、その中の1首。

花の句・うた

我が背子に我が恋ふらくは奥山の
馬酔木の花の今盛りなり　第10巻1903

サンシュユ（山茱萸）

ミズキ科／落葉小高木／開花＊3月
花ことば＊尊敬、耐久

短い枝の先に4枚の苞葉（ほうよう）に包まれた花弁が4枚あって、鮮黄色の小花を集めて付ける。樹皮は帯褐色で鱗片（りんぺん）状にはがれる。葉は卵状楕円形で、先が鋭くとがる。裏側は毛があり、主脈の基部に褐色の毛のかたまりがある。

名前は、漢名の音読みがそのまま和名になったという。秋にグミのような赤い実を付けるので別名「アキサンゴ」という。

花の句・うた

山茱萸の夜明けを阻む雨くらし　水原秋桜子

カワズザクラ（河津桜）

バラ科／落葉高木／開花＊3月
花ことば＊精神美

早咲きで満開の期間が長い。淡紅色の花が1カ月咲き続ける。樹皮が紫褐色で、オオシマザクラとカンヒザクラの自然交雑種という。

静岡県河津町に原木があることから、1975年に命名された。伊豆半島は毎年河津桜まつりでにぎわう。桜の種類は多い。おなじみの「ソメイヨシノ」は東京都の花である。

花の句・うた

花の雲鐘は上野か浅草か　　松尾芭蕉

ミツマタ（三椏）

ジンチョウゲ科／落葉低木／開花＊3月
花ことば＊壮健

ヒマラヤ地方が原産地といわれる。3月半ばから、三筋に分かれた枝の先に黄色い花を咲かせる。

うつむくように下向きに咲く花には芳香がある。花弁はなく、小さな花が集まって半球形を作っている。花は、筒状のがくの先端が四つに裂けて反り返ったもの。名前は枝が三つに分枝しているから。樹皮は強度の高い良質の紙の原料となり、紙幣などに使われている。

花の句・うた

三椏の花に光陰流れ出す　　森 澄雄

植物おもしろ百科

＊タケとササ

タケはイネ、ムギ、ススキ、トウモウコシなどと同じイネ科の植物。その中でタケだけは年輪ができないのに、草ではなく木に分類される。

さてタケとササの違いだが、昔は幹を利用する時はタケ、葉を利用する時はササといった。

現在はタケノコの皮が早く落ちるものをタケ、長く残るものをササという。

○クマザサは熊が食う笹ではない。冬になると葉のふちが白く枯れて隈（くま）取られることから名付けられた。

○タケノコは節ごとに生長する部分があり、その早さは、まさに驚き。タケの一生の生長分を約１カ月で伸び切る。１日で120センチ伸びた記録もある。

○タケの花が咲くとそのタケは枯れるといわれるが、全てのタケではない。毎年咲くものもあるし、マダケは100年ほどで花が咲き、後は枯れるという。

○マダケやモウソウチクなど多くのタケの原産地は中国であり、日本に自生していたのは小型のササだけであった。

○カンノンチク（観音竹）はタケではない。中国南部原産のヤシ科の植物で、江戸時代に渡来した。

ユスラウメ(梅桃)

バラ科/落葉低木/開花＊3月
花ことば＊郷愁、輝き

梅の花が咲きだすころ、ウメに似た5弁の白色または淡紅色の花を枝いっぱいに咲かせる。

梅雨の初めごろ、サクランボによく似た真っ赤な小さい果実が付く。熟したものは生食できる。

名前は梅の花に似ていて揺すって実を落とすことから来たという。樹皮は暗褐色で不規則に剥がれる。よく枝分かれする。

花の句・うた

ゆすらうめはルビーのてのひらうつくしく

山口青邨

イチイ（一位）

イチイ科／常緑高木／開花＊3〜4月
花ことば＊高尚

庭園木や盆栽として植えられている。かつてイチイの木を用いて、冠位十二階で最も高い正一位の人が使用する笏（しゃく）を作ったことから、この名が付いた。別名オンコという。

花は葉の付けに雄花があり、淡黄色で9〜10個の小さな雄しべが球状に集まる。雌雄異株。雌花は緑色で、熟すと赤い仮種皮は甘く、食べられるが、種には毒がある。

花の句・うた

手にのせて火だねのごとし一位の実　　鈴山 實

ミモザ

マメ科／常緑高木／開花＊3〜4月
花ことば＊秘密の恋

春早く、鮮やかな黄色や淡黄色の細長い雄しべが放射状に広がった花を、房状に咲かせる。葉は羽状複葉で、粉白色を帯びる。

アカシア属の総称で、一般的にはミモザアカシアまたはフサアカシアともいう。

葉に刺激を与えると、パントマイムの基となった古代ギリシャの身振り劇「ミモス」のように動くことから、この名が付いた。

花の句・うた

抜け道はミモザの花に触れながら　稲畑汀子

スギ（杉）

ヒノキ科／常緑高木／開花＊3〜4月
花ことば＊雄大、堅実

雌雄同株で、1本の木に雄花と雌花が同時に咲く。雄花の役割は黄色の花粉を作ることである。

風に乗って飛んでいく。日本人の10人に1人は花粉症になるという。

名前は幹が真っすぐに伸びることから、「直木（すき）」が変化したともいう。日本原産で、本州から屋久島まで全国に分布する。日本一樹高が高い、木材としての利用率第1位など、話題は尽きない。

花の句・うた

杉の花はるばる飛べり杉のため　　山田みづえ

ユキヤナギ（雪柳）

バラ科／落葉低木／開花＊3〜4月
花ことば＊愛らしさ

春の訪れを告げてくれる花の一つである。

枝が弓状に曲がり、ヤナギの細長い枝のように見える。葉は互生し、先は鋭くとがる。

前年枝に付く多数の小さな白い花が、積もった雪を思わせることから、「雪柳」と名付けられた。花弁は5枚、雄しべは20個である。

花の句・うた

雪柳さらりと女盛り過ぐ　　髙橋淡路女

ジンチョウゲ（沈丁花）

ジンチョウゲ科／常緑低木／開花＊3～4月
花ことば＊栄光、永遠

枝先に、香りの良い白やピンクの花を10～20個ほど、頭状に咲かせる。花には花弁がない。がくは肉質の筒形で、先が四つに裂けて広がり、花弁のように見える。外側は薄い紅紫色で内側は白色、雄しべは8個ある。

雌雄異株で、日本ではほとんどが雄株。和名は、花の香りを香木の「沈香」と「丁字」に例えたことによる。

花の句・うた

沈丁花いまだは咲かぬ葉がくれの
くれなゐ蕾匂ひこぼるる　　若山牧水

植物おもしろ百科

＊種子はどこまで飛ぶか

植物の種子の多くは、親株から離れた所へ飛ばされる。

その理由は、親株のそばで発芽すると共倒れになってしまう可能性があるし、親株のある環境より良い場所で発芽すれば、種族の繁栄にもつながるからだ。

最も遠くへ飛ぶのはランの種子。胚乳もなく粉のように小さく軽いから、風に乗ってどこまでも飛ぶ。種類によっては数万粒で１株発芽すれば上々。自生しているラン科植物は、貴重な存在なのだ。

次に遠くへ運ばれるのはタンポポの種子。綿帽子は風に吹かれてパラグライダーのように飛んでいく。セイヨウタンポポなら着地点に土さえあれば 100 ％発芽する。ほかにも多くの植物たちが知恵や仕掛けで種子を遠くへ飛ばす工夫をしている。

ばね仕掛けで自力で種子を飛ばす植物を紹介すると、ゲンノショウコ、スミレの仲間、ミヤマカタバミ、ツリフネソウなど。花壇に咲く花インパチェンスは、熟した果実にちょっとでも触れると直ちに裂開して、種子が飛散することから、ラテン語のインパチェンス「忍耐しない」という意味の名が付いたとか。

同じ仲間で歌手の島倉千代子が歌っていた「鳳仙花」（ホウセンカ）。触れるとやはり種子が四方に飛び散る。その花言葉がいい。「私にさわらないで」

＊元祖ニューハーフ

薄暗い森の中をすみかとしているのが、テンナンショウの仲間。マムシグサ（蝮草）、ユキモチソウ（雪餅草）、ウラシマソウ（浦島草）などがある。

マムシグサなどは、茎の紫褐色の斑紋がマムシに似ているので、この名前がある。花の格好が奇妙で暗紫色の模様などが薄気味悪い。暗い感じがする。

ウラシマソウ

そんな花だからチョウやミツバチもあまり寄り付こうとはしない。

ところで、この仲間は雌雄異株といって雄株と雌株があり、雄株には雄花がたくさん集まって咲き、紫色の花粉を出す。地下の芋が大きく育ってくると花が咲くが、十分ではないと雄株となり、雄花しか咲かない。この株の芋がさらに太り、十分に栄養が貯まると翌年雌株となり、雌花を咲かすのである。すなわち性転換である。ニューハーフの誕生！だ。

だが、薄暗いところの気味悪い花ではチョウやミツバチなどは当てにならない。そこで選んだのは、なんとあのハエである。ハエの好む臭いを出して寄せ付けるのである。そして、秋にはトウモロコシに似た赤い実を付ける。人間には毒だが野鳥が好んで食べ種子を運ぶ。3～4年で花が咲くが、むろんその花は全て雄花である。実を付けた雌株も貯えた養分を消費し芋が小さくなると、翌年は雄株になる。

春

レンギョウ（連翹）

モクセイ科／落葉低木／開花＊4月
花ことば＊かなえられた希望

桜と同じころ、春を待ちわびていたように、目にも鮮やかな明るい黄色い小さな花を枝いっぱいに咲かせる。葉は花の後に出る。

名前は枝が「連なってぴんと跳ね上がる」ことから来ているという説がある。雌雄異株。雄しべは2個、髄は中空になっていて、別名レンギョウウツギ（連翹空木）という。

花の句・うた

連翹のまぶしき春のうれひかな　　久保田万太郎

モモ（桃）

バラ科／落葉小高木／開花＊4月
花ことば＊あなたに夢中

木に兆（きざし）と書いて桃となる。原産地である中国では、妊娠の兆候を意味し、女性や女の子に関連づけた使い方をする。日本では桃の実をたくさん付ける例えを「百（もも）」と表したことなどが名前の由来。他の説も枚挙にいとまがない。

桃は果樹と観賞用の花桃があって、開花期は梅の後、桜の前。前年枝に葉が出るより先に淡紅色の花が咲く。

花の句・うた

うたゝねの窓に胡蝶やもゝの花　　正岡子規

ハクモクレン（白木蓮）

モクレン科／落葉高木／開花＊4月
花ことば＊自然への愛

別名ハクレンと言う。大きいものは15メートルにもなる高木。葉は卵形で、先端は短く突き出ている。

名前は花がハス（蓮）に似ていて白い花であることに由来するという。中国の仏教寺院の庭園で多く栽培されている。芳香のある白い花が、よく見ると北向きに咲く。花弁は6枚、がく片が3枚だが、その区別はしにくい。

花の句・うた

白木蓮の宙に際立ち遠目にも　山中明石

サクラ（桜）

バラ科／落葉高木／開花＊4月
花ことば＊優雅な女性、精神の美

春の花見と言えば「ソメイヨシノ」。その桜前線は北上するが、明治以前は「山桜」であった。名前の由来は諸説あるが、代表的なものは日本書紀に登場する女神「木花咲那姫」（コノハナサクヤヒメ）の「サクヤ」が「さくら」に転訛（てんか）したというもの。

八重桜の一種「塩釜桜」は、雌しべ2〜3個が小さな緑の葉に変化する。塩釜神社（塩釜市）にあり、国の天然記念物。

花の句・うた

春雨に争ひかねて我がやどの
桜の花は咲きそめにけり　　万葉集第10巻1869

ボケ（木瓜）

バラ科／落葉低木／開花＊4月
花ことば＊魅惑的な恋

中国原産で、古く平安時代に渡来し、庭木として広く植えられている。

葉は楕円（だえん）形、花弁は5枚で、前年枝に数個ずつ付く。花は赤や白色が主で、ほかに咲き分け、絞りなどの園芸種が多い。名前は木瓜の果実が楕円（だえん）形で、瓜の形に似ていることに由来する。ぼけるのボケではないのである。

花の句・うた

その愚には及ぶべからず木瓜の花　　夏目漱石

植物おもしろ百科

＊樹木の世界一、日本一

○最も高い木

最も高い木は米国のレッドウッド国立公園にあるセコイアメスギで、1991年の測定で111.25メートルあった。同じ米国のセコイア国立公園にあるセコイアオスギは83.82メートルだが、地表から1.5メートルのところの周囲が25.3メートルもあった。

日本では、宮崎県の神社の境内にある天然記念物「狭野の杉並木」が樹高60メートルと記録されている。それでもビル十数階分の高さである。

イチョウ、クスノキ、ケヤキも巨木になるが、60メートルを超えることはないようだ

○最高樹齢の木

今まで記録された最高樹齢は米国カリフォルニア州で発見されたマツの1種で、5100年だった。日本では樹齢1000年を超す老樹は珍しくない。屋久島（鹿児島県）では、樹齢1000年を超すスギを屋久杉と呼ぶ。炭素同位体というものを用いた推定法で樹齢5200年とされた木もある。このスギこそは世界一。世界に誇れる最高樹齢の樹が日本にあったのだ。

（朝日百科「植物の世界」より）

ウグイスカグラ（鶯神楽）

スイカズラ科／落葉低木／開花＊4月
花ことば＊未来を見つける

山道に生えていて、よく庭の片隅にも植えられている。

名前の由来は、鶯が鳴くころに花が咲くから「鶯神楽」になったとか、鶯が「隠れ」るから「ウグイスカクレ」となり、「ウグイスカグラ」に変化したなどといわれる。鶯が実をついばむ姿が神楽を踊っているように見えるので「ウグイスカグラ」になったとの説もある。

液果は楕円（だえん）形で赤く熟し、種は1個。実は食べられる。

花の句・うた

先駆けて鶯神楽咲く野かな　　遊雀

ドウダンツツジ（灯台躑躅、満天星）

ツツジ科／落葉低木／開花＊4月
花ことば＊上品、節制

若葉の下に長さ5～6ミリの壺形の白い花を吊（つ）り下げて、散形状に咲く。枝分かれしている様子が昔から夜の明かりに用いた「結び灯台」の脚部と似ており、「トウダイ」が「ドウダン」に転訛（てんか）したといわれる。

「結び灯台」とは3本の交差させた角材の上に油皿を置いて火をともす古い照明具のこと。庭木などとして植えられ、秋には真っ赤に紅葉する。

花の句・うた

触れてみしどうだんの花かたきかな　　星野立子

ハナカイドウ（花海棠）

バラ科／落葉低木／開花＊4月
花ことば＊灼熱、妖艶

枝先に美しい紅色の花が4〜6個散形状に垂れ下がって咲く。

花は普通、八重で半開する。雄しべは多数。中国名「海棠」をカイドウとそのまま読み、花を加えたハナカイドウを和名にした。

中国では、その美しさを、楊貴妃が眠る姿になぞらえる。昔からハナカイドウは美人の代名詞である。高貴な花を指すボタンに次いで広く愛好されたという。

花の句・うた

楊貴妃の化粧道具や海棠花　　正岡子規

モチノキ（黐の木）

モチノキ科／常緑高木／開花＊4月
花ことば＊時の流れ

新しい卵形の葉の付け根から、淡い黄色の小さな花が咲く。花弁は4枚。秋には小さな赤い実を付ける。

樹皮から染料や「鳥もち」を作ることができ、名前の由来になった。モッコクやモクセイなどと並んで、庭木として古くから親しまれている。

花の句・うた

散時にねばりは見えず黐の花　中川乙由

ツゲ（黄楊、柘植）

ツゲ科／常緑低木／開花＊4月
花ことば＊頑固、淡白

庭木や生垣などに植えられている。淡黄色の小さな花を付け、葉柄は非常に短い。ホシツゲとイヌツゲなどがある。

語源は葉が次々と密になって出てくるので、「次」が訛(なま)って「ツゲ」になったという説がある。幹は木目が細かく丈夫なので、印材やくしなどに利用されるという。万葉集にはツゲを詠んだ歌が4首あり、黄揚の字が使われている。

花の句・うた

君なくば何ぞ身そはむ匣(くしげ)なる黄揚の
小梳(おぐし)も取らむとも念はず　　第9巻1777

ウメ（梅）/臥龍梅（がりょうばい）

バラ科／落葉小高木～高木／開花＊4月
花ことば＊忠実

中国から薬用として伝来した。名前の由来は諸説あるが、中国語の「メイ」が「ンメ」、「ウメ」になったともいう。

伊達政宗が朝鮮出兵の折に持ち帰り、瑞巌寺（宮城県松島町）の境内に手植えしたのが「臥龍梅」。樹形は右側が紅梅で龍が臥（ふ）せている姿、左側が白梅で龍が天に昇る姿。一対で「臥龍梅」と呼ぶ。花は八重咲きで、8房かたまって実を付ける。

花の句・うた

梅咲くや何が降っても春ははる　加賀千代女

＊イチョウの母性愛

街路樹としても最もよく用いられるイチョウの木。

秋の黄色の葉は鮮やかで人目を引くし、虫食いの葉もなく落葉もきれいだ。扇形の葉は他に例をみない。イチョウは、あの恐竜が栄えた中生代に繁茂した生きる化石である。中国にかろうじて生き残っていたものが、世界各地に植栽されたのである。

イチョウは雌雄異株といって雌株と雄株が別々で、春5月ごろに雌花も雄花も同時に咲く。花といっても花びらはなく、よく注意していないと気付かない。花粉は普通すぐに受精するが、イチョウの花粉は雌花の花粉室の中で、受精せずに母体から養分を与えられ、安全に養育されているのである。その間約4カ月、受精の時を待っている。

受精が行われるのは9月ごろで、果実（ギンナン）が成熟サイズに達してからである。受精はあたかもギンナンに魂を吹き込むかのようだ。

さて、珍味のギンナンだが、殻が堅く、果肉も強烈な匂いを放つ。木の下にボタボタ落ちているが、ギンナンを好む動物はまずいない。大昔の恐竜たちはひょっとしてあの悪臭が好きだったのだろうか。

＊散っても白いナツツバキの花

ナツツバキ（夏椿）は庭木としても広く植えられている。ツバキの仲間にしては珍しい落葉樹で、梅雨のころ純白の花を咲かせる。

東北南部から九州までの山地に自生している純国産の花木である。別名シャラノキともいうが、よく別種のサラソウジュ（沙羅双樹）と間違えられるという。サラソウジュはインド原産の常緑樹で、釈迦が入滅の折、淡黄色の花が悲しみのあまり白色に変わり、まるで白い鶴が舞い降りるように次々と落下し、釈迦を覆い隠したという。

ナツツバキの花は朝早く上向きに咲いて、夕方にははかなくぽたりと落ちる一日花。花びらの縁にフリルのようなしわがある。散り際もいいが、地面に落ちてもしばらく白さを保つ根性もある。

木肌はなめらかで赤褐色のまだら模様。よく似た仲間のヒメシャラ（姫沙羅）の木肌は明るい赤褐色で、ナツツバキより一段と美しい。

トサミズキ（土佐水木）

マンサク科／落葉低木／開花＊4月
花ことば＊優雅

丸みのある小花が7〜10個ほど連なって垂れ下がり、枝いっぱいに淡黄色の花を咲かせる。花弁は5枚、雄しべは5個である。

花の終わりに花の根元から新芽を出す。土佐の山地に自生し、枝を切ると水気が多いことから名付けられたとか。葉の形がミズキに似ていることに由来するともいう。全国で公園木や庭木として植えられている。

花の句・うた

土佐水木山茱萸も咲きて黄を競う　　水原秋桜子

アオキ（青木）

ミズキ科／常緑低木／開花＊4月
花ことば＊若く美しく

地味な存在ながら日陰に強いので、よく家の裏などに庭木として植えられている。茎の先の円錐(えんすい)花序に紫褐色、時に緑色の小さな花を多数付ける。

雌雄異株。花弁は4枚、雄花には雄しべが4個あり、雌しべは退化している。果実は楕円(だえん)形で秋に赤く熟し、翌年の春まで残る。常緑で枝が青いので「青木」。葉に模様の入る「斑入り」の園芸種が多い。押し葉にすると黒くなる。

花の句・うた

青木の実今朝くれなゐの紅をさす　橋本典子

ミツバツツジ（三つ葉躑躅）

ツツジ科／落葉低木／開花＊4月
花ことば＊抑制のきいた生活

鮮やかな紅紫色の美しい花を咲かす。雄しべは10個だが5個のものもある。花が終わってから、枝先に3枚の葉を付けることからこの名が付いた。

ミツバツツジには多くの種類があり、この名は総称である。主にやせた尾根や岩場、里山の雑木林などに生育している。公園に多く、また古くから庭木として植えられている。

花の句・うた

水伝ふ磯の浦回の岩つつじ
　もく咲く道をまた見なむかも　万葉集第2巻185

ゲッケイジュ（月桂樹）

クスノキ科／常緑小高木／開花＊4月
花ことば＊栄光、勝利

地中海沿岸が原産で、葉には芳香がある。古代からハーブとして用いられた。樹皮は灰色でよく分枝する。雌雄異株で、雄株は小さな淡黄色の花を咲かせる。雌株は日本では少ないが花は白色で、秋には楕円（だえん）形で暗紫色の実がなる。

古代ギリシャ・ローマでは、ギリシャ神話の太陽神アポロンの聖樹とされ、小枝で作った冠（月桂冠）を勝者や英雄に授ける風習があった。別名ローレル。

花の句・うた

人日や白磁の壺と月桂樹　　滝浪 武

クロモジ（黒文字）

クスノキ科／落葉低木／開花＊4月
花ことば＊誠実で控えめ

葉が開くのと同時に、小枝の節に淡黄緑色の小さな花を多数付ける。

葉は互生で、付け根が赤みを帯びて枝先に集まる。樹皮の黒い斑点を文字に見立て、この名が付いた。枝を折ると香りが良いことから、主につまようじに用いられる。

日本固有種で、里山にひっそりと自生している木の一つだが、近年は庭木としてよく植えられている。

花の句・うた

たらは芽を黒文字は花つけにけり　　後藤比奈夫

木の豆知識

＊ロウバイは梅ではない

○ロウバイ（蝋梅、ロウバイ科）は、ろう細工のような花が梅に似た香りを放つことから名付けられた。オウバイ（黄梅、モクセイ科）は、春早く黄色の花が咲くことからこの名前になった。

○ヒマラヤスギは、杉ではない。れっきとした松である。

○アオギリ（青桐）はキリではない。アオギリ科であり、たまたま木の形がキリに似ていて樹皮が青いことから、この名前が付いた。

○シュウメイギク（秋明菊）は菊ではない。キンポウゲ科であり、ただ花が似ているだけである。

○クンシラン（君子蘭）はランではない。ヒガンバナ（彼岸花、ヒガンバナ科）の仲間である。ちなみにヤブラン、スズラン、ユッカラン、ノギランなどもラン（ラン科）ではない。植物名は分かランものである。

キブシ（木五倍子）

キブシ科／落葉低木／開花＊4月
花ことば＊出会い、待ち合わせ

山地の道端などに生える。よく分枝し、3～5メートルになる。

葉の出る前に長さ4～10センチの穂状花序を多数垂らし、鐘形の花を咲かせる。雌雄異株。雄花は淡黄色、雌花は淡黄緑色で雄花よりやや小さく、子房が発達する。

果実は広楕円(だえん)形で黄色く、中に多数の種子がある。果実を五倍子(ごばいし)の代用として黒色の染料にするので、この名が付いた。

花の句・うた

きぶし咲く雫つらねて峠道　　茂木房子

ナシ（梨）

バラ科／落葉高木／開花＊4月
花ことば＊慰め、癒し

枝先に約4センチの白い花を数個、散房状に付ける。花弁は5枚。雄しべは約20個で、葯(やく)は紫色を帯びている。

樹皮は灰紫色で葉は互生し、卵円形から長楕円(だえん)形である。品種は多く、長十郎、二十世紀、幸水、新高、洋梨のラ・フランスなど。

中国の唐の時代、玄宗皇帝は梨を植えた庭で、芸人たちに音楽や演劇を学ばせた。この故事から歌舞伎界を「梨園」と呼ぶようになった。

花の句・うた

梨の花団十郎をひゐきかな　　正岡子規

ジューンベリー

バラ科／落葉低木／開花＊4月
花ことば＊穏やかな笑顔

細めの枝に、少しまばらな感じに赤色や白色の、桜に似た花を咲かす。夏に赤みの果実がなり、黒紫に変化していく。生食やジャムにして食する。

秋にはきれいに紅葉し、葉を落としても真っすぐに枝を伸ばす姿も風情がある。北アメリカ原産で、名前は6月（ジューン）に美しい果実（ベリー）を付けることに由来するという。

花の句・うた

真夏日にジューンベリーや赤み帯び　綾

ニワザクラ（庭桜）

バラ科／落葉低木／開花＊4月
花ことば＊高尚、優れた美人

直径13ミリほどの八重咲きの小花を、枝に多数咲かせる。淡紅色または白色である。

母種のヒトエノニワザクラは花が一重咲きで実がなる。株立ち状で高さは1～2メートルほど。葉は互生し、長楕円（だえん）形で先がとがり、基部は広いくさび形である。名前は、庭に植えられていて、花が桜に似ていることから付いた。

花の句・うた

桜花何が不足でちりいそぐ　　小林一茶

ヤエベニシダレザクラ（八重紅枝垂れ桜）

バラ科／落葉高木／開花＊4月
花ことば＊優美

八重咲きで、花色が濃い紅色のシダレザクラ。枝は長く垂れ、花も下垂し、開花は葉に先行する。花弁は15～20枚ほど、楕円形（だえん）でややねじれている。エドヒガン（江戸彼岸）系の園芸種。明治時代に当時の仙台市長が市内で植えて増やし、また、その子孫樹を各地に贈って普及に努めたので、「仙台八重枝垂」とも呼ばれる。

現在でも宮城県内ではよく見られる。また、「しだれ桜」別名「糸桜」は京都府の花。

花の句・うた

しだれ桜日傘の中にあるごとし　　阿部みどり女

モッコウバラ（木香薔薇）

バラ科／常緑つる性／開花＊4〜5月
花ことば＊純潔、素朴な美

他のバラの開花する前に、枝という枝にびっしりと、八重咲きの小さな花を咲かせる。枝にはとげがない。生長が早く、アーチに仕立てることも多い。

普通は淡い黄色で、白色の花は少ないようだが、かすかな香りを漂わせる。いずれも実は付けない。インド原産の植物からとれる芳香剤の木香（もっこう）の香りに似ていることから、この名が付いた。

花の句・うた

惜しみなく光を庭に木香薔薇　　有馬たく

ムベ（郁子）

アケビ科／常緑つる性／開花＊4〜5月
花ことば＊愛きょう

葉の脇から短い総状花序を出す。雌雄同株で、新葉の脇に数個の雄花とやや大形の雌花を少数付ける。花弁はなく、がく片は6枚でわずかに淡黄緑色を帯びる。

葉は掌状複葉で小葉が5〜6枚ある。楕円（だえん）形か卵形で革質である。果実は暗紫色に熟すが、アケビと違い裂開しない。

また、常緑なので、別名「トキワアケビ」という。

花の句・うた

よるべなき手のからみ合ふ郁子の蔓　本田あふひ

＊風媒花の戦略

華やかに咲き誇り、昆虫に花粉を運んでもらう被子植物の虫媒花より、はるかに古い地質時代から、吹く風に花粉を託し受粉する花がある。風媒花である。しかし、吹く風にただ漠然と花粉を託しているわけではない。

○強い風を待つマツの花

5月ごろ、その年に伸びた新しい枝の根元に雄花が群がって咲く。雌花は紅紫色で、一番長く伸びた枝の先端に2〜3個付く。だが、雄花は特別な花粉散布装置を持たず、上方の雌花に花粉は届かない。花粉は強い風に乗って巻き上がり、他の枝の雌花と受粉するのである。

それで新しい土地にいち早く侵入して林を形成し、風通しのよい広い空間に枝先をさらしているのである。

受粉後、約1年半かけ翌年の10月ごろ成熟し、翼のできた種子は、風に乗ってどこかへ飛んでいくのである。

○スギの花粉は量で勝負

花粉症の元凶といわれる大量のスギの花粉は、数十㌔は飛ぶ。雌花は下を向いているので花粉が入りにくく、受粉の効率が非常に悪いからだ。種子1個あたり200万粒の花粉が舞うという。多量の花粉放出は、子孫繁栄のためなのである。

＊アジサイの里帰り

アジサイ（紫陽花、ユキノシタ科）は日本原産の美しい落葉花木である。昔はガクアジサイは房総・伊豆半島に、エゾアジサイは東北・北海道に、ヤマアジサイは関東以西の日本海側に生え、お互いの領域へ侵入せず、平和に住み分けていた。

花は、外側の装飾花（がく）が昆虫を誘う係。中央の小さい花の集まりの両性花はタネを作る係と、分業になっている。

江戸時代であろうか。たくさんのガクアジサイの中から装飾花だけを選抜した人がいた。玉のように見える花、いわゆるアジサイの誕生である。

日本産のアジサイは1790年、中国を経てイギリスの植物園に持ち込まれた。そして改良されて日本に再び帰ってきた。花色は紅色、桃色、青色と多彩で、わい性種もあった。人呼んで西洋アジサイとかハイドランジア。

さて装飾花の花色が変化する原因については諸説ある。酸性では青色、アルカリ性で紅色になるとか、窒素分が少ないと紅色が藤色に、窒素が多くカリウムが少ないと濃紅色になるとか、降水量など気象条件によるとか…。

アジサイの花ことばは「心変わり」「うつり気」。

リキュウバイ（利休梅）

バラ科／落葉低木／開花＊4〜5月
花ことば＊控えめな美しさ

枝先に直径約4㌢のウメに似た白い花を、6〜10個咲かす。花弁は5枚で円形。雄しべは20個ほどある。清楚（せいそ）な花が茶人に好まれ、茶庭に使われることが多い。

明治末期に、中国から日本に渡来した。花のつくりは控えめ。主張し過ぎることがないので、千利休にちなんで付けられた。

別名ウメザキウツギ、マルバヤナギザクラなど。

花の句・うた

利休梅活けたり梅の軸かけて　山口青邨

モクレン（木蓮）

モクレン科／落葉高木／開花＊4〜5月
花ことば＊自然への愛、恩恵

葉が出る前に、枝先に暗紫紅色の花を上向きに付ける。花弁は6枚で、雄しべと雌しべは多数ある。

名前は花の形がハス（蓮）に似ていることに由来している。原産地の中国では花の姿がラン（蘭）に似ているとしてモクラン（木蘭）と呼ぶという。花が紫色であることからシモクレン（紫木蓮）という別名もある。

花の句・うた

木蓮や高慢くさき門構　　尾崎紅葉

ハナズオウ（花蘇芳）

マメ科／落葉低木／開花＊4～5月
花ことば＊高貴、質素

葉が出る前に紅紫色を帯びた小さな蝶形花(ちょうけいか)を枝いっぱいに、密集して付ける。雄しべは10個。花には花柄がない。明るい茶色の樹皮の枝に直接花を付ける。

花が枯れた後にハート形の葉を茂らす。豆果は長さ5～7㌢で平たい。園芸種に、白い花を咲かせるシロバナハナズオウがある。原産地の中国にある蘚芳という薬用・染色に使われた木が名前の由来という。

花の句・うた

蘇枋(すおう)の花あかい留守の寺です　北原白秋

クヌギ（椚、橡）

ブナ科／落葉高木／開花＊4～5月
花ことば＊穏やか

本年枝の下部から黄褐色で長さ7～8センチの雄花序を垂らし、上部の葉腋(ようえき)に雌花序を付ける。

山地に生え15メートルくらいになる。樹皮は灰褐色で厚く、縦に不規則な裂け目がある。葉は互生し長楕円(だえん)形で、ふちには鋸歯(のこぎりば)がある。語源は「国木」とか、実のドングリが食べられるので「食う木」であるとの説がある。

薪炭(しんたん)やシイタケの原木となる。

花の句・うた

楢くぬぎ枝染め分けて山粧ふ　　荒 久子

シロヤマブキ（白山吹）

バラ科／落葉低木／開花＊4〜5月
花ことば＊気品、細心の注意

枝先に径3〜4センチの純白の4弁花が1個咲く。1属1種。ヤマブキは5弁花である。がく片は4個で長さ1〜1.5センチの狭卵形。

花の後に緑色の楕円形の実が5個かたまって付く。秋には黒く熟し、光沢がある。＜七重八重花は咲けども山吹の実のひとつだになきぞ悲しき＞と歌われた山吹はヤエヤマブキのことで、実を付けない。

花の句・うた

ひそと咲く白山吹は日の陰に　　岩本和行

＊ヒマワリの花は回るか

太陽の花、ヒマワリ（向日葵）。大きな花はコロナのような花びらを配して、植物の太陽を演じる。その強烈な個性は、真夏のシンボルだ。ゴッホは芸術に昇華させた。

貝原益軒が 1694 年に、ヒマワリの名を最初に記録した。その名は、太陽の動きに花がついて回ると見られたことからきたという。フランス語、イタリア語、ロシア語など、日本と同様の「日回り」の意味を持つ名が少なくない。

しかし牧野富太郎博士はヒマワリが回るのはウソだと断定した。花茎の首が太い普通のヒマワリは回らないというのが定説である。

ところが、太陽に沿って花の向きを変える品種もある。シロタエヒマワリといい、1970 年に奥山和子氏、翌 71 年に岩佐和子氏により観察され、確認されている。

ヒマワリの名は全くでたらめに付いたのではなさそうだ。ヒマワリはアメリカ大陸の原産。日本には 1666 年にテンガイバナ（天蓋花）の名で伝えられた。

種子は食用や油に、茎は紙や燃料に、葉はヤギなどの飼料になる有用植物。南アフリカではヒマワリの油で農機具を動かす。

＊ツタの吸盤

塀や建物の壁に張り付いて伸びるつる性落葉樹のツタ（別名ナツヅタ）は、どのようにしてはうのだろうか。その忍者まがいの究極の芸をよく観察してみると…。

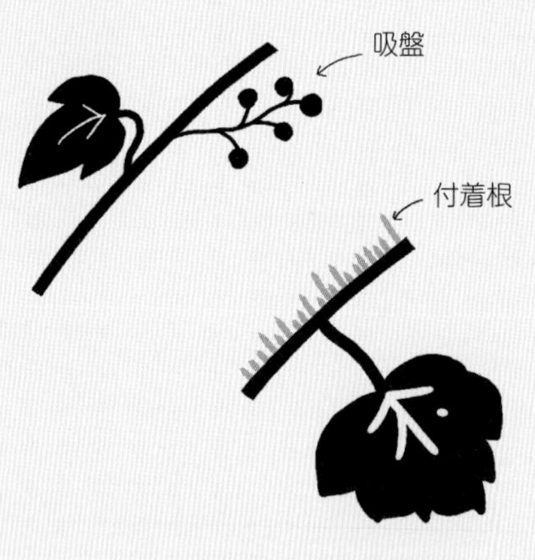

若い芽の先端部分の節から出る巻きひげの先は枝状になり、5〜6個のごく小さな緑色の卵形の粒ができている。その小さな粒が堅い壁などに触れると平らな面が円盤のような形に変わって張り付く。

この吸盤を無理にはがして虫眼鏡でよく見ると、下面がくぼみ真空状態になって「吸い付いて」いるのではなく、強力な接着物質が分泌され張り付いていることが分かる。

この「吸盤」が枯れるころには木質化した茎から幾重にも付着根が伸び、さらに強く壁に張り付いているのである。こうなると、どんな風雨にさらされようとツタは壁から剥がれ落ちることはない。この知恵と根性にただ脱帽する。

もう一つの特徴を紹介すると、秋にツタが落葉するときにまず葉身が散り、数日後に葉柄の部分が落ちる。二段式落葉ともいうべき変わった性質を持つのである。

ミツバアケビ（三葉木通）

アケビ科／落葉つる性／開花＊4〜5月
花ことば＊才能、唯一の恋

雄花は黒紫色で、花序の先に多数、房状に付く。雌花は花序の基部に1〜3個付く。

葉は三出複葉で、長い柄がある。小葉は卵形または広卵形で、ふちに波状の大きな鋸歯（のこぎりば）がある。

名前について、熟すと実がパカっと縦に裂けるように開くことから「開け実」と呼ばれ、「アケビ」になったという説がある。

花の句・うた

生垣に通草（あけび）実らす生家かな　　松崎鉄之介

ゴヨウアケビ（五葉木通）

アケビ科／落葉つる性／開花＊4〜5月
花ことば＊才能、唯一の恋

葉は掌状複葉で小葉は5枚あり、縁が卵形である。花はミツバアケビに似ているが、色がピンクで大きい。

山野にまれに自生する。名前に関しては、実が熟して、割れた様子が人間のあくびをしている姿に似ているため「あくび」と呼ばれ、「アケビ」になったという説がある。アケビの仲間はつるが丈夫なので、籠などを編むのに使われる。

花の句・うた

鳥飛んでそこに通草（あけび）のありにけり　　高浜虚子

ライラック（リラ）

モクセイ科／落葉低木／開花＊4〜5月
花ことば＊思い出、友情

枝先に長さ10〜20センチの淡紫色の花序を、穂状に多数付ける。芳香もある。花冠は長さ約1センチの筒状で先が四つに裂ける。葉は対生し、広卵形。ふちは全縁で先はとがっている。

リラはフランスでの名称で、和名はムラサキハシドイ（紫丁香花）という。耐寒性があって花期が長く、冷涼な地域に適している。北海道では公園木や街路樹としてよく植えられている。

花の句・うた

リラの花咲きて静もる煉瓦館　永井龍男

マツ（松）

マツ科／常緑高木／開花＊4〜5月
花ことば＊不老長寿

新しい枝の頂部に、2〜3個の紫紅色でほぼ球形の雌花を付ける。雄花は長楕円(だえん)形で、下方の葉の元に多く付き、花粉をまき散らす。球果は翌年10月ごろに成熟する。

アカマツは主に山地に生え、クロマツは海辺近くに分布して、日本の美しい自然を形作っている。万葉集に71首も詠まれている。

花の句・うた

磐代の浜松が枝を引き結び
　真幸くあらば亦かへり見む　第2巻141

ヤマブキ（山吹）

バラ科／落葉低木／開花＊4〜5月
花ことば＊気品、崇高

山地の谷川沿いなど湿った所に、普通に生えている。黄金色を山吹色というほどで、前年枝から伸びた短い枝の先に鮮黄色の花を1個付ける。花びらは5枚で平に開く。

和名は、古くは山振りといった。枝がしなやかで弱く垂れ下がり、少しの山風にも揺れ動くことから名付けられた。

花の句・うた

山吹のうつりて黄なる泉さへ　服部嵐雪

ヤマツツジ（山躑躅）

ツツジ科／半落葉低木／開花＊4〜5月
花ことば＊燃える思い

ツツジ属の一種ヤマツツジは、朱色の花を枝先に付ける。葉は花が咲き終わった後に生え、秋には落葉する。

名前の由来は、ツヅキサキギ（続き咲き木）を意味するとか、ツヅリシゲル（綴り茂る）がツツジに転訛した、などの説がある。5月中旬から咲く徳仙丈山（宮城県）のヤマツツジは日本最大級といわれる。

花の句・うた

山つつじ折りとり母の衿そよぐ　　飯島晴子

木の豆知識

＊宮城県を代表する木

地域を象徴する木は、それぞれの都道府県の木に選定されている。種類がさまざまなのは言うまでもないが、重複している木も多い。

一番人気はマツで、北海道のエゾマツ、岩手の南部アカマツなど８道県で選ばれている。

２番目に多いのはスギで秋田スギ、京都の北山スギなど６府県である。

３番目はケヤキなど３種。ケヤキは宮城、福島、埼玉の３県、イチョウが東京、神奈川、大阪の３都府県、クスノキが兵庫、佐賀、熊本の３県。あとは青森のヒバ、香川のオリーブのように１県だけのものである。

一方、日本全国で街路樹として植えられている木のベスト３は、イチョウ、ケヤキ、トウカエデである。

宮城県の木「ケヤキ」

初夏

ヒメウツギ（姫空木）

ユキノシタ科／落葉低木／開花＊5月
花ことば＊秘められた恋

白い5弁の花をたくさん咲かせる。高さ1メートルほどと低く株立ち、よく分枝する。庭木として植えられている。

樹皮は短册状に剥がれ、灰渇色になる。髄が中空なので、この名が付いた。ウツギの中では株も花も小柄で、葉の先がとがっている。

万葉人はウツギを「卯(う)の花」と言っていた。

花の句・うた

鶯の通ふ垣根の卯の花の
厭きことあれや君が来まさぬ　万葉集第10巻1988

シャリンバイ（車輪梅）

バラ科／常緑低木／開花＊5月
花ことば＊純真、愛の告白

暑さや潮風に強く、海岸に自生しているが、庭木や街路樹としても植えられている。

車輪状に出る枝の先に、白色で5弁の梅の花に似た花が咲くので「車輪梅」という名が付いた。梅同様、花に香りもある。

葉は長楕円（だえん）形で質が厚く、深緑色で表面に光沢がある。果実は丸く、黒紫色に熟す。樹皮は大島紬（つむぎ）の染料になる。

花の句・うた

颯爽と分離帯にて車輪梅　遊雀

アズマシャクナゲ（東石楠花）

ツツジ科／常緑低木／開花＊5月
花ことば＊信用する、忍耐

ツツジ科の中ではホンシャクナゲとともに、最も豪華な花を付ける。中国原産で漢名は「石楠花」。「しゃくなんげ」がシャクナゲに転訛（てんか）したという。

長楕円（だえん）形の葉の裏側には、灰褐色の軟毛が生える。花は淡紅色、漏斗（じょうご）状で広く開き、五つに裂ける。

御獄山（栗原市）に密生している。同山が分布の北限で、国の天然記念物に指定されている。

花の句・うた

石楠花や雨に削がれし牧の道　　皆川盤水

イロハモミジ（以呂波紅葉）

カエデ科／落葉高木／開花＊5月
花ことば＊美しい変化、約束

里山の秋を彩る紅葉。葉の形が「カエル」の手に似ていることから「カエルデ」となり、「カエデ」に転訛した。枝先に暗赤色の花が垂れ下がって付く。風媒花で、花弁は小さく目立たない。別名高雄楓という。

果実は片翼の翼果が二つずつ種子側に密着した姿で付く。脱落する時には、空気の抵抗を受け回転する。

花の句・うた

日の暮れの背中淋しき紅葉哉　　与謝蕪村

カキ（柿）

カキノキ科／落葉高木／開花＊5〜6月
花ことば＊自然の美、恩恵

高さが10メートルにもなり樹皮は灰褐色で縦に裂ける。葉は互生し、葉腋（ようえき）に黄緑色の雌花と雄花を付ける。花冠は壺（つぼ）形で四つに裂け、裂片は反り返るが地味な花。雌雄同株。

語源は実が堅いことから、カタキ（堅き）に由来するとか、実がつやつやと輝いているので、カガヤキ（輝き）が転訛（てんか）したなど諸説ある。甘柿は突然変異の種類。日本原産であり、英語でも「kaki」。

花の句・うた

柿食えば鐘が鳴るなり法隆寺　　正岡子規

ウワミズザクラ（上溝桜）

バラ科／落葉高木／開花＊5月
花ことば＊心の美

里山を中心に分布する。樹高10～15メートルほどで、白くて棒状のブラシのような花を無数に付ける。地方によっては若い花は食用にしている。名前は、古代の「亀甲占い」で溝を彫った板に使われたことに由来する。

同じ仲間のイヌザクラは、白い穂状の花を咲かせるが、華やかさがないため、役に立たないとか質が悪いことを意味する「犬」が付いている。

花の句・うた

あじさはふ妹が目かれて敷妙の
　枕もまかず桜皮巻き　　万葉集第6巻942

＊夜に活動する花

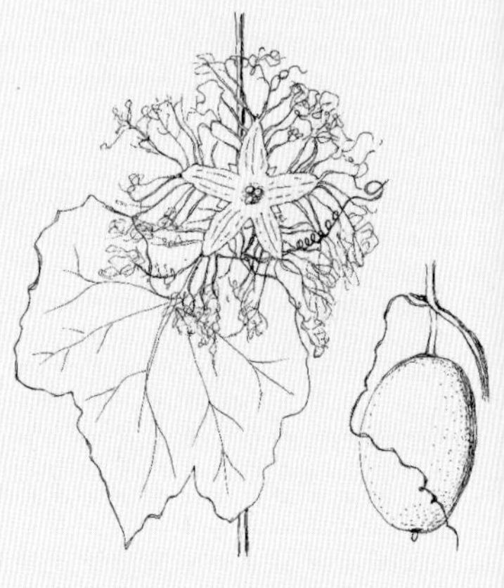
カラスウリ

植物の世界には、チューリップ、フクジュソウなどのように昼間に花びらを開いて夜になると閉じて寝る花もあれば、反対に夜になると急に元気になって活動を始める花たちもいる。

夕方から夜に変わるころ。ユウスゲ、ネムノキなどは芳香を漂わすとともに闇に浮き立つ色の花を咲かせ、花粉運搬の専属契約を結んだ夜行性のガに居所を知らせるサインを送る。

つる性植物のカラスウリは日没後、白花が5弁に開き、その先に繊細なレース模様を作りながら、主にスズメガ類を誘い込む。

南米原産のサボテン、ゲッカビジン（月下美人）の大きな花は、夜遅く多量の蜜と芳香でコウモリを誘うが、花の命はたった数時間である。

オシロイバナ（白粉花）は夕方から開花して白粉のような香りを漂わせながらガが飛んでくるのを待つ。朝方まで待っても来ないと、雌しべと雄しべを自ら巻き上げて自家受粉をして結実するのである。

夜の花の知恵と根性に脱帽！

＊フキノトウの雌株と雄株

植物の大多数は、動物と違って一つの体、あるいは一つの花に雌と雄の器官が同居している。自由に動けないという植物ならではの事情があるためだ。

しかし、少数派の部類だが、ほろ苦い早春の味として親しまれているフキノトウには雌株と雄株とがあって、別々に生えている。

風味においてはそれほど変わらないのでどうでもよいのだが、雄株の花は黄色の花粉で黄白色に見え、多量の蜜もある。雌株の花は当然ながら花粉がなく、白っぽいので見分けられる。さらに蜜もない。

それでは昆虫が花粉を運んでくれないので、雌株は考えた。なんと、雌花の中に少数の蜜を出すニセ雄花（雄の機能はない）を紛れ込ませた。すると昆虫は雄花から雌花へと飛び交うのである。

やがて、受粉された雌株のフキノトウは徐々に茎を伸ばし、時には40～50センチほどの高さにもなる。そして茎の頂から冠毛を付けた種が、風に吹かれて飛び立っていくのである。その傍らで、役目が終わって用のない雄株のフキノトウは少しだけ伸びて、やがてしおれて茶色く枯れていく。

フジ（藤）

マメ科／落葉つる性／開花＊5月
花ことば＊歓迎、恋に酔う

長さ20〜90㌢の総状花序を出し、紫色または薄紫色の蝶形花（ちょうけいか）を多数咲かせる。

花序は垂れ下がり、基部から咲き始める。花の期間は長く、生垣や庭木に、また花材に用いられる。名前は風に吹かれて舞い散る様子を表す「吹き散る」から転訛（てんか）したという説や、茎に節があることにちなんだという説がある。

万葉集には季節の花として、フジにホトトギスを配した歌が多く登場する。

花の句・うた

藤浪の咲き行くみれば霍公鳥（ほととぎす）
　鳴くべく時に近づきにけり　　第18巻4042

マユミ（真弓）

ニシキギ科／落葉小高木／開花＊5〜6月
花ことば＊艶めき

緑白色で直径1センチくらいの小さな4弁花が、枝の基部からまばらに咲く。花の後にできる実は熟すと淡い紅色になり、下部が四つに裂ける。

山野に生え、普通3〜5メートル、大きいものは15メートルにもなる。古木になると縦に少し裂けるが、若枝は緑色で白い筋がある。弓を作るのに用いたのが名前の由来。また、くしや将棋の駒などの材料にもなる。

花の句・うた

こころいま旅に飢えをり檀（まゆみ）の実　　角川春樹

ヒメリンゴ（姫林檎）

バラ科／落葉小高木／開花＊5月
花ことば＊選ばれた恋、永久の幸せ

花は初め淡紅色で、満開時は白色になる。果実は濃紅色から暗紫紅色になる。

中国で「家禽」の「禽」は鳥のことで、「檎」は鳥が集まる木を意味する。果実が甘いので林に鳥がたくさん集まることから、「林檎」と呼ばれるようになったという。

ヒメリンゴは赤くて小さな実を付けるので、盆栽や庭木としてよく植えられている。

花の句・うた

まどろみの覚め白さびし花りんご　中村汀女

ハナミズキ（花水木）

ミズキ科／落葉小高木／開花＊5月
花ことば＊返礼、永続性

枝先に白色や薄いピンク色の花を咲かす。ただ、花弁に見えるのは総苞片（そうほうへん）で、真ん中の塊に見えるのは花序である。黄緑色の小さな花が約10個集まって球形の頭状花序を作る。

白い花弁に見える総苞片は卵形で大きく、先端はへこんでいる。名前はミズキの仲間で、花が目立つから。別名「アメリカヤマボウシ」。1912年、東京からワシントンにサクラを贈った際、その返礼として贈られたことはよく知られている。

花の句・うた

みちのくのたのしき友よ花水木　　角川源義

ユズリハ（譲葉、楪）

トウダイグサ科／常緑高木／開花＊5月
花ことば＊若返り、譲渡

前年枝の葉腋（ようえき）から長さ4〜8㌢の総状花序を出し、花弁もがく片もない小さな暗褐色の花を付ける。

雌雄異株。雄花には雄しべが7〜8個ある。雌しべはない。

雌花には退化した雄しべがある。葉は枝先に輪生状に集まって互生し、長楕円（だえん）形で先端はとがっている。

若葉が伸びてから古い葉が落ちるので、譲葉の名がある。親が成長した子に跡を譲るのに例えて、めでたい木とされる。

花の句・うた

楪の赤き筋こそにじみたれ　　高浜虚子

シュロ（棕櫚）

ヤシ科／常緑高木／開花＊5月
花ことば＊勝利、不変の友情

葉の間から肉質の円錐(えんすい)花序を出し、黄白色の小さな花を密に付ける。雌雄異株。

幹は円柱状で、暗褐色の繊維に覆われている。葉は掌状で、多数が深く裂けている。ワジュロ（和棕櫚）は裂片が折れ曲がり、トウジュロ（唐棕櫚）は折れ曲がらないので区別がつく。公園樹に多く、繊維は縄、ほうきなどに使われる。

花の句・うた

異人住む赤い煉瓦や棕櫚の花　　夏目漱石

＊ペアになった植物名

植物の名は千差万別であるが、観察したときに受ける印象で名前が付くものが多い、そんな中で対語になっている身近な植物名を紹介する。

○オミナエシ（女郎花）とオトコエシ（男郎花）

秋の七草の一つであるオミナエシは黄花であるが、男郎花は白花で強そうな感じ。茎や葉には粗毛が多い。この女郎は遊女ではなく「若い女性」のことである。

○ハハコグサ（母子草）とチチコグサ（父子草）

ハハコグサは春の七草の一つで、古くはオギョウ(御形)といった。若葉を餅につき込んで食べる。花は総苞の黄色だけが目立つ。同属のチチコグサは全体的に白っぽく小柄である。

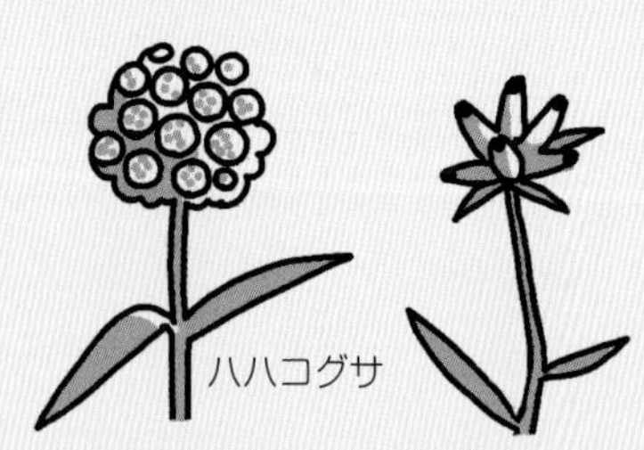

○メナモニ（雌なもみ）とオナモミ（雄なもみ）

「なもみ」は、くっつくという意味。メナモミは全体に腺毛が多く黄花。同じキク科のオナモミは草姿はあまり似ていないが、全体が頑強で花は白く、とげのある果包の中にある。

○メヒシバ（雌日芝）とオヒシバ（雄日芝）

日当たりのよい畑や道端に多い。茎は根元で数本に分かれ、上部で分枝する。宮城県内では「すもどりくさ」とも言うようだ。ヒシバは炎天下に強いの意味。オヒシバの方が大柄。

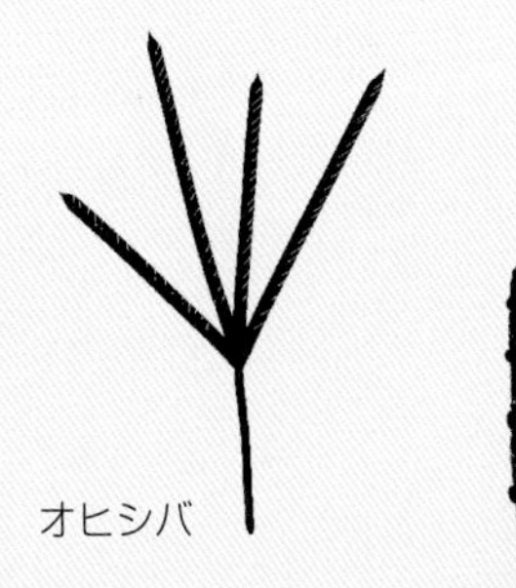

○その他の対語になっている植物名

アサガオ（朝顔）とヒルガオ（昼顔）、アツモリソウ（敦盛草）とクマガイソウ（熊谷草）、カラスノエンドウ（烏の豌豆）とスズメノエンドウ（雀の豌豆）。カラスウリ（烏瓜）とスズメウリ（雀瓜）は、カラスの付く方が大柄でスズメは小さい。アシ（葦）とヨシ（葦）は同じもので、アシは「悪し」に通じるのでヨシというのだそうだ。

タニウツギ（谷空木）

スイカズラ科／落葉低木／開花＊5〜6月
花ことば＊豊麗

枝の先端に散房花序を出して、淡紅色または紅色の花を2〜3個ずつ付ける。花冠は漏斗（じょうご）形で筒部は短く、先は五つに裂ける。雄しべは5個。古い枝の樹皮は灰褐色で、縦に薄く裂けて剥がれ落ちる。髄は白色。

葉は対生で、梅雨の時期に山道、谷などに多く自生しているので「谷空木」。田植えのころに咲くので、田植え花とも呼ばれる。

花の句・うた

ふるさとの山くれなゐに谷空木　　高橋 梓

オオデマリ（大手毬）

レンプクソウ科／落葉小高木／開花＊5〜6月
花ことば＊約束、誓約

初夏の青い空を背景にして、真っ白な装飾花が全て手毬(てまり)状に咲くので「オオデマリ」という。英名は「ジャパニーズ・スノーボール」。

花序はアジサイに似ている。中心部に小さな両性花があって、縁取りのようにがくが取り囲んでいる。樹姿も水平に出る枝で形作られて整然としている。秋の紅葉も美しい。

花の句・うた

庭先の白さ目にしむ手毬花　　永見嘉敏

オニグルミ（鬼胡桃）

クルミ科／落葉高木／開花＊5～6月
花ことば＊あなたに夢中

山野の川沿いによく生え、高さ25メートルにもなる。雌花序は長さ8～15センチぐらいで、花軸には7～10個の花がまばらに付く。花柱は二つに裂け、花頭は濃赤色。雌雄同株。

雄花序は前年枝の葉腋（ようえき）から小さな雄花が密集して10～20センチほど垂れ下がる。

種子は食用になるが殻が厚めで、非常に堅い。名前の由来は黒い実（クルミ）で、凸凹が大きいので、オニが付いたという。

花の句・うた

わが立てば胡桃の花は雨こぼす　山口青邨

ヤマボウシ（山法師）

ミズキ科／落葉小高木／開花＊4〜5月
花ことば＊友情

各地の山野に生え、高さ5〜10メートルほどになる。葉は対生で、中央の丸い花の部分を僧侶（山法師）の頭に、4枚の白い総苞片（そうほうへん）を頭巾に見立てて、名前を付けたという。

別名のヤマクワ（山桑）は実の表面がブツブツしているからで、赤く熟した実は食べられる。

総苞片が淡紅色の品種をベニヤマボウシという。

花の句・うた

山法師咲けば記憶のある山路　　稲畑汀子

カナメモチ（要黐）

バラ科／常緑小高木／開花＊5〜6月
花ことば＊にぎやか

新芽は非常に鮮やかな紅色。小さな白い花が多数咲く。花弁は5枚、雄しべは約20個で、花柱は2個である。

幹が堅く、器具の柄として使われる。名は、扇の要に使い、モチノキに似ているから。別名アカメモチ。変種のベニカナメモチなどは、庭木、特に生け垣に植えられることが多い。

花の句・うた

新築の家成りレッドロビン垣　　高沢良一

オリーブ

モクセイ科／常緑小高木／開花＊5〜7月
花ことば＊平和、知恵

葉腋(ようえき)から円錐(えんすい)花序を出し、芳香のある黄白色の小さな花を多数付ける。果冠は四つに深く裂ける。

樹皮は灰緑色で、葉は対生し披針形である。果実は長さ1.2〜4㌢の楕円(だえん)形で、緑から黄色に変わり、黒褐色に熟す。そしてオリーブオイルになる。

地中海沿岸で古くから栽培されていて、日本には1860年ごろに渡来した。

花の句・うた

オリーブの花咲いているレストラン　北畠明子

＊セイヨウタンポポ繁栄の理由

道端や土手、時には空き地に黄色のじゅうたんを敷いたかのように咲いているセイヨウタンポポ。もしかするとニホンタンポポを山奥に追いやったのではないか、と疑いたくなるが、そうとは限らないのである。たまたまセイヨウタンポポの繁殖力が旺盛なだけである。

セイヨウタンポポは明治の頃、米国の宣教者が北海道に赴任する時に、サラダの食材にと栽培したのが始まりといわれる。生育地が酸性度に影響されず、やせ地でもよく繁茂し、都市環境に適応する強い性質がある。温度条件さえよければほぼ一年中咲いている。しかも花さえ咲けば受精なしで、種子になり発芽する。そんなわけで勢力範囲を広げていく。

セイヨウタンポポの種の保存のための究極の芸は、花が終わると地面に伏せるように花茎が横たわることである。その理由は①「刈り取られる」のを避けようとする②疲れたので休むため―の2説あり、いずれが真実は分からない。やがて種子が充実したころ、また直立し綿帽子となって風に吹かれて飛んでいく。

夏

アベリア

スイカズラ科／常緑半落葉低木／開花＊5～10 月
花ことば＊強運

枝がよく分枝し、枝先にやや淡紅色を帯びた鐘状の小さな白い花を、長期にわたって多数咲かせる。花の香りも強い。街路樹としてグリーンベルトに、また生け垣によく使われる。名前は英国の植物学者クラーク・エイブルの名にちなんで付けられた。

別名のツクバネウツギ（衝羽根空木）は、羽根つきの羽根がアベリアの花の形に似ていることから付いた。

花の句・うた

息長きアベリアに吹く秋の風　　遊雀

バラ（薔薇）

バラ科／落葉低木／開花＊4〜10月
花ことば＊（全般）愛・美、（赤）愛情、（白）純潔、（黄色）愛情の薄らぎ

バラとはとげのある低木の総称である。「いばら（茨）」が転訛（てんか）したものと言われる。

観賞用の園芸種から果樹、野生種まで、種類はすこぶる多い。わが国原産はノイバラ（野茨）、ハマナス（浜梨）などがある。

歴史的な話題も豊富だ。支倉常長が西洋から持ち帰ったという日本最古の西洋バラが円通院（宮城県松島町）の三慧殿（さんけいでん）に描かれていることにちなみ、円通院をバラ寺ともいう。

花の句・うた

薔薇熟れて空は茜の濃かりけり　　山口誓子

クレマチス（風車、鉄線）

キンポウゲ科／落葉つる性／開花＊4〜10月
花ことば＊精神の美

枝先に淡紫色の大きな花を付ける。花弁はなく、平に開いた6枚のがく片が花弁のように見える。

雄しべ、雌しべは多数。クレマチスは山野に自生するカザグルマ（風車）と中国原産のテッセン（鉄線）などの交配による園芸品種の総称。種類が多く、花色も白、ピンク、紫と多彩だ。一季咲きから四季咲きまである。

花の句・うた

蔓はなれ月にうかべり鉄線花　　水原秋桜子

サツキ（皐月）

ツツジ科／常緑低木／開花＊6月
花ことば＊節制

ツツジの花が終わった梅雨ごろから、1週間程度で順次開花していく。紅赤色の花が多い。多数の園芸種があって、盆栽仕立てが主である。葉は互生して、質は硬く表側に光沢がある。

4月に咲くツツジに対し、遅れて5月（皐月）に咲くので、「サツキツツジ」と呼ばれ、省略されて「サツキ」になったと言われる。

花の句・うた

庭石を抱いてさつきの盛りかな　　三宅嘯山

ヒペリカム（金糸梅）

オトギリソウ科／常緑低木／開花＊6月
花ことば＊きらめき、悲しみは続かない

地中海沿岸が原産で、雄しべが金の糸のように細長く梅の花に似ているので「金糸梅」。常緑で、花や斑(ふ)が入った葉を楽しむ。

交雑による改良品種が多い。花色は黄色だが、実は鮮やかな赤やピンクなどで、頂部付近に固まって付く。「ヒペリカム」はギリシャ語の「上に」と「像」が語源という。実は10～11月ごろまである。

花の句・うた

金糸梅水のひかりをためらはず　　六角文夫

植物おもしろ百科

＊ヒガンバナの花と葉

　秋の彼岸のころ、田の畦（あぜ）や畑の脇、土手、墓地に葉のない茎に鮮やかな赤色の大輪の花を咲かすヒガンバナ（彼岸花）。別の名をマンジュシャゲ（曼珠沙華）といい、仏教語に基づく。他にも数十種の名前があるという。

　この花、いくら咲いても種子ができない。ちょっと難しいが、染色体が三倍体で不稔性なのだ。中国から渡来し、種子がなく球根でしか増えない。それなのになぜ、日本中に広まり自生しているのだろうか。

　根（球根）は有害だが救荒植物（凶作や非常時に毒抜きをして食べる）であり、昔、旅人が非常食としてこの球根を袋に入れて持ち歩いた。不要になると道端に捨てたので、それが芽を出し広まっていったと言われているが、真偽の程は分からない。

　さて葉の方だが、花が終わった晩秋、周りの雑草葉が枯れ始めるころ、深緑色で光沢のある細長い葉が伸びてくる。そして太陽の光をいっぱい浴びながら、冬の間球根に栄養を貯える。春は3月、雑草の若芽が萌（も）えるころ、ヒガンバナの葉は周りの葉を気にしてか、また消えていくのである。

ナンテン（南天）

メギ科／常緑低木／開花＊6月
花ことば＊福をなす、（赤い実は）良き家庭

幹の先端にだけ葉が集まって付く独特な樹形である。葉の間から花序を上に伸ばす。初夏に小さな白い花が咲き、秋には赤い実を多く付ける。実は冬の季語。

音読みが「難転」すなわち難を転ずるに通じることから、縁起の良い木とされ、門や玄関先に植えられている。「南天」は漢名「南天燭」から来ている。

花の句・うた

南天の実をこぼしたる目白かな　　正岡子規

ネズミモチ（鼠黐）

モクセイ科／常緑小高木／開花＊6月
花ことば＊名より実

よく生け垣や庭木として植えられている。葉は対生、革質で光沢があり、モチノキに似ている。熟した黒い実はネズミのふんに似ているので、この名が付いた。枝先に円錐（えんすい）花序を出して、小さな白い花を多数付ける。

実は強心、利尿作用があり、強壮薬として用いられるという。

別種にトウネズミモチ（唐鼠黐）がある。

花の句・うた

ねずみもちの実を見る胡散臭さうに　　川崎展宏

ナツツバキ（夏椿）

ツバキ科／落葉高木／開花＊6月
花ことば＊はかない美しさ

茎の脇に、すっきりした白いきれいな花を付ける。花びらは5枚で、縁には細かいしわがある。

花の形がツバキに似ていて、夏に咲くのでナツツバキという。樹皮は帯黒赤褐色で、薄く剥がれる。

別名のシャラノキ（沙羅の木）は、沙羅双樹に似ているため、間違って付いたという。実は熟すと五つに裂ける。

花の句・うた

庭隅の水琴窟や夏椿　　今井松子

アジサイ（紫陽花）

ユキノシタ科／落葉低木／開花＊6月
花ことば＊（青色）移り気、（白色）寛容、（桃色）元気な女性

両性花が全て装飾花に変化したもので、古くから栽培されている。名前の「アジ」は「集まる」を意味し、「サイ」は「青い」。「青いものが集まった」から、「アジサイ」という呼び名になった。後に「紫陽花」という漢字が当てられた。

球状になっている装飾花は花弁ではなく、がく片である。花弁はごく小さく、結実しない。

花の句・うた

紫陽花や藪を小庭の別座敷　　松尾芭蕉

モッコク（木斛）

ツバキ科／常緑高木／開花＊6〜7月
花ことば＊人情家

美しい光沢のある厚い葉っぱを持つ。花はクリーム色で、秋には真っ赤な実を付ける。雌雄異株。

花弁は5枚、雄しべは多数。千両、万両を持ってくる「モッコク」ともいう。モツは「持つ」、コクは「濃く」金運を上げることを意味し、縁起がいい木とされる。庭園木として多く植えられている。

花の句・うた

木斛のひそかな花に寄りて立つ　尾形初江

＊無賃乗車する種子

植物は子孫を残すために懸命に生産した種子を、さまざまな手法で広範囲に飛散している。自前のばね仕掛けで飛ばすゲンノショウコやカタバミ、ホウセンカ。風に乗りやすいように種子に翼をつけるカエデやアカマツ。綿毛を付けるタンポポやススキなどがある。

しかし、多くの植物の種子は鳥や動物に運んでもらうために果肉という運搬費を用意しているのである。

ギブ・アンド・テークの世の中なのに、ヌスビトハギやキンミズヒキ、オナモミ類などは種子に巧妙な細工をして動物の毛や人の衣類にくっつき、ただで遠くまで運んでもらう。

このような種子は、俗にヒッツキムシとか泥棒、あるいはばか、地方によりこじきなどと呼ばれている。

アメリカセンダングサやオオオナモミは住み慣れた故郷・北米から、動物の毛か人の衣類に引っ付いて無賃乗車し、太平洋を越えてはるばる日本へやってきた。でもこの植物たち、「住みやすいぞ」と感じたとしても、こんなに遠くへ帰化するのは予想外だったのではなかろうか。

クチナシ（梔子）

アカネ科／常緑低木／開花＊6月
花ことば＊純潔、私は幸せ者

香り高い純白の花を枝先に一つずつ咲かせる。大輪八重咲きなどの園芸種が多い。

長楕円（だえん）形の葉は光沢がある。果実は熟しても割れないため、「口無し」という和名の由来になっている。果実の頂には6枚の黄赤色のがく片がある。果実は染料や薬にも用いられた。

花の句・うた

薄月夜花くちなしの匂いけり　　正岡子規

コムラサキ（小紫）

クマツヅラ科／落葉低木／開花＊6月
花ことば＊愛され上手、知性

葉腋(ようえき)より少し上部から集散花序を出し、淡紫色の花を密に付ける。「ムラサキシキブ」の名は、紫色の実の清楚(せいそ)さを「源氏物語」の作者の紫式部に例えたとか、紫色の実がたくさんいう意味の「紫敷き実」が転訛(てんか)したとかいわれる。

ムラサキシキブより小ぶりなので「コムラサキ」となる。違いはコムラサキは果実が固まって付き、枝が垂れ下がる。

花の句・うた

いとほしや人にあらねど小紫　　森 澄雄

スイカズラ（吸葛）

スイカズラ科／半落葉つる性／開花＊6月
花ことば＊愛の絆、献身的な愛

やや湿りけのある道端や林縁などに生息し、木化して太くなる。春に特徴ある花を咲かせる。花の色は最初は白く、やがて黄色になるので金銀花という名もある。

5枚の花びらのうち4枚は合生して上側に反り返り、1枚は下側に曲がり込んでいる。蜜もある。子どもたちが、この花の甘い蜜を吸っていたことから名付けられた。

花の句・うた

白と見し黄と見し花の忍冬（すいかずら）　　前内木耳

クリ（栗）

ブナ科／落葉高木／開花＊6〜7月
花ことば＊ぜいたく、満足

雄花は淡黄白色の細長い花穂が垂れ下がるように咲き、雌花は緑色で主に雄花の基部に付く。

樹皮は淡黒色で縦に裂け目があり、裂け目は樹齢とともに深くなる。落ちた実が石のように堅いので、小石を意味する古語の「くり」から「クリ」の名になったという。フランス語では「マロン」。ケーキの「モンブラン」でおなじみである。

花の句・うた

いが栗のはぢける音やけふの月　　正岡子規

ハリエンジュ（針槐）

マメ科／落葉高木／開花＊6〜7月
花ことば＊甘い誘惑

枝先に円錐（えんすい）花序を出し、淡黄白色の蝶形花（ちょうけいか）が下垂する。満開になると芳香が漂う。花は食用にもなる。

高さ20メートルぐらいになる。葉は奇数羽状複葉で、互生する。

名前はエンジュ（槐）に似た葉を持ち、枝や幹にとげがあることに由来する。別名「ニセアカシア」「アカシア」という。街路樹や公園樹として植えられる。

花の句・うた

房々と枝を垂れたるアカシアに
　ここだ花咲き春過ぎむとす　　今井邦子

植物おもしろ百科

＊クズほど役立つ草はない

やぶや林縁に、ものすごい勢いで繁茂し、横暴な支配者然としている多年草のクズ（葛）。

万葉人はなぜ、秋をめでる他の花を差し置いて七草の一つに数えたのか、と疑問に思う。それは生命力のせいだろうか。

葉に光センターの機能を備えているかのように、草むらの中からはい上がり、枝の上で太陽の光を受けて伸びていく。その勢いはすさまじく、秋までに長さ15メートル以上にもなる。冬は落葉するが枯れず、翌春また芽を吹き出して伸びる。クズの躍動的な姿を古代の人が和歌に詠んだ。

真葛原靡く秋風吹くごとに
　阿太の大野の萩の花散る　　万葉集第10巻2096

その根性を見込まれ、日本から海外に渡る。米国の家畜の飼料に、中国では土壌浸食防止に、世界の砂漠地帯の緑化にも使われる。クズの活力のもとである根元は木質化し、地下では肥大した長芋状の塊根となる。直径20センチ、長さ1.5メートルにもなるのである。

根は多量のデンプンを含んでいて、葛粉をとり葛湯にする。風邪や胃腸病などの民間医療薬として古くから利用された。花は秋の七草、茎は民具のかごに、皮を取りクズ布も織る。

万葉集からもう一首。

をみなへし佐紀沢の辺の真葛原
　いつかも繰りて我が衣に着む　　第7巻1346

＊オオイヌノフグリの繁栄法

オオイヌノフグリは道端や田の畦（あぜ）、畑の脇などで、早春を告げる代表的な野草の花の一つだが、明治の中ごろに渡来した欧州原産の帰化植物である。そして、もともと日本にあった（在来種の）イヌノフグリを山間部へ追いやった。

それはさておき、美しい青紫色のこの花を「宝石箱をひっくり返したような」と表現した人がいた。

また、こんなかれんな花の名前が「大犬の陰嚢（いんのう）」ではかわいそうという人もいる。

直径１センチ足らずの小さいこの花は、太陽の光を受けてから咲き始め、夕方、日が落ちるころ閉じてしまう一日花である。

日中開花しているときによく見ると、２本しかない雄しべは大きく左右に分かれていて、その間に時には小さな昆虫類が蜜を吸いに訪れる。しかし、離れている雄しべが虫の体に花粉を付けるには、かなり不便なようにみえる。

ところが夕方、花びらが閉じ始めたころに見ると、雄しべが花柱（雌しべ）に寄り添っている。そして花粉が柱頭に密集して、しっかりと受粉が行われている。

すなわち、この花は昆虫による虫媒、つまり他家受粉と、自家受粉の両方を同時に進行させながら、確実に子孫繁栄に努めているのである。

ムクゲ（木槿）

アオイ科／落葉低木／開花＊7～9月
花ことば＊デリケートな愛

庭木としてよく植えられている。葉は互生し、卵形で、浅く三つに裂けている。

枝先に直径10㌢ほどの花を咲かせる。一日花である。普通紅紫色だが、白花や八重咲きなど、多くの園芸種がある。

花弁は５枚で、多数の雄しべが合着して筒状になる。和名は「もくきん」と読めることから、呼び方がなまり、変化したと言われる。別名ハチス。

花の句・うた

みちのくの木槿の花の白かりし　　山口青邨

サルスベリ（猿滑、百日紅）

ミソハギ科／落葉小高木／開花＊7～9月
花ことば＊愛嬌（あいきょう）、不用意

枝先の円錐（えんすい）花序に紅紫色または白色の花を次々に付ける。花びらは6枚で丸く、しわが多い。がくは六つに分けられる。雄しべは多数ある。幹の肥大生長に伴って古い樹皮が剥がれ落ち、新しいすべすべした樹皮が現れる。猿が登ろうとしても滑ってしまうといわれることから名前が付いた。紅色の花が長く咲いているので「百日紅」ともいう。

花の句・うた

散れば咲き散れば咲きして百日紅　　加賀千代女

フヨウ（芙蓉）

アオイ科／落葉低木／開花＊8〜10月
花ことば＊幸せの再来、繊細な美

花は淡紅色や白で直径10〜15センチ程度の大輪。朝咲いて夕方にはしぼむ一日花で、長期間にわたって毎日次々に咲く。花弁は5枚で椀（わん）状に広がる。英語名「mutabilis」は「変化しやすい」の意味。「芙蓉」はハスの美称でもある。

スイフヨウ（酔芙蓉）は、朝に咲き始めた時は白色で昼はピンク、夕方は赤くなるさまを、酔って赤くなることに例えたもの。

花の句・うた

すつきりと朝一番の酔芙蓉　　木村宏一

＊種なしブドウ・スイカの種

種なしブドウを作る種はできないが、種なしスイカを作る種はできる。

種なしブドウを作るには、ジベレリンというホルモン剤を開花2週間前と開花10日後の2回、散布処理する。すると、種となるべき胚珠が溶けて成熟期には種はなくなる。はじめから種なしの苗木も種もあるはずがないのである。

では、種なしスイカの場合はどうか、これはれっきとした種がある。ちょっと難しいが、簡単に言うと普通のスイカの染色体（遺伝子を含む物質）は2倍体だが、コルヒチンという薬品を処理をすると、4倍体のスイカになる。4倍体に2倍体を掛け合わせると3倍体のスイカができる。このスイカの種をまくと種なしスイカの出来上がり。3倍体は不稔性で、その種が種なしスイカの種ということになる。

いずれにしても「種なし」という品種はなく、無理に人為的に作られたものであり、その年限りの限定品である。

木の豆知識

＊紅葉・黄葉の仕組み

秋になって、気温が低下すると木の葉が色づき、里山は見事な秋景色になる。紅葉と黄葉の違いを紹介しよう。

○紅葉

低温によって根や葉の働きが衰えてくると葉緑素が壊れ、緑色が消えていく。代わりにアントシアンという赤い色素が形成されていく。カエデ、カキ、ナナカマド、ドウダンツツジなどの葉は赤く色づく。

○黄葉

葉緑素は壊れるが、葉緑素と一緒に含まれていたカロチノイドという色素が表れて、黄色になる。イチョウ、カツラ、ポプラなどが黄葉する。

紅葉と黄葉の起きる原因は異なるが、同じ葉で両者が部分的に、また同時に起きることもある。

秋・冬

ノウゼンカズラ（凌霄花）

ノウゼンカズラ科／落葉つる性／開花＊9〜10月
花ことば＊名声、名誉

暑さがまだ続く時期に濃いオレンジ色、あるいは赤色の大きな花を次々に咲かす。気根を出して樹木や壁などに付着して、つるを伸ばす。中国原産で、古くから庭木として植えられている。

漢名の「リョウショウ」から「ノウセウ」、「ノウゼン」になったという。ラッパ状の花からファンファーレを吹くトランペットを連想することから、この花ことばが生まれた。

花の句・うた

よじ登るのうぜんかずら夕間暮　　志村万香

キンモクセイ（金木犀）

モクセイ科／常緑小高木／開花＊9～10月
花ことば＊謙虚、気高い人

小さな花が集まって咲く。オレンジ色の花びらから漂う甘く芳ばしい香りは、なんとなく懐かしさを感じさせる。

中国が原産で雄株しか入ってこなかったので、実は付かない。

漢名の「金木犀」は、樹皮の様子がサイ「犀」に似ていることと、金色の花を咲かせることによる。白い花を咲かせるギンモクセイ（銀木犀）もある。

花の句・うた

木犀の香にあけたての障子かな　　高浜虚子

ハマギク（浜菊）

キク科／落葉小低木／開花＊10月
花ことば＊逆境に立ち向かう、友愛

日当たりのよい断崖や砂浜に生える野菊の仲間である。名は浜辺に咲くキクであることから。

茎の下部は木質化し、上部で分枝して、その先に白い花を1個付ける。葉は厚く光沢があって、裏面は粉白色で潮風に耐えるに適している。別種にコハマギクがある。

花の句・うた

絶え間なく吹く潮風にそよぎつつ
　ハマギク白し十月十日　　鳥海明子

＊アサガオの花は夜に咲くか

春になるとチューリップやスイセンが、秋にはキクやコスモスの花が咲く。そして夏の早朝にはアサガオの花が開く。植物はなぜ、このように季節を知り、時間を知っているのか。その謎は近年ようやく解明されてきた。

以前は日照時間の長さによってではないかと考えられてきたが、実は夜の長さ（正しくは限界暗期という）により植物の体内時計が働いて、季節や開花時間を知るのだということが分かってきた。

植物の種類にもよるが、アサガオの場合、夜の長さがほぼ10時間になると開花するという性質の体内時間が働く。秋に日暮れが5時ぐらいならば、真夜中の午前3時ごろにアサガオの花は咲くのである。

本来は秋に咲くはずの短日植物のキクの花が花屋に年中あるのは、夜の長さを遮光したり電灯で照明したりして調整して栽培されるからである。

チューリップなどは温度の影響を受ける。花が咲き終わった後、低温による休眠をしないと、翌春に花は咲かない。

春に咲き終わって地上部が枯れた後に球根を掘り起こし、約5度の低温で一定期間置いてから温度を加えていく。するとチューリップは「もう春かな」と勘違いをして、クリスマス、お正月ごろ早々に花を咲かす。

このように低温にさらし開花を促すことを「春化処理」といって、花卉(かき)園芸で広く行なわれている。

＊紫式部と十二単

植物の名は人間によって便宜的に付けられたものだが、その草や木の姿を見て直観的な印象をそのまま名にしたもの、他のものになぞらえたもの、優雅に表現しようとしたものなどいろいろある。そんな中で平安時代を思わせる名に注目してみる。

ムラサキシキブ

○ムラサキシキブ（紫式部）は、野山に普通に見られる落葉低木で、秋に付ける美しい紫色の果実を「紫式部の名を借りて美化したものである」といわれる。

○ジュウニヒトエ（十二単）は、花が重なって咲く様子が平安貴族の女官の正装である十二単に見立てられた。優雅な名を付けられた幸運者である。同じシソ科でありながら、たまたま数枚の葉茎が地面をはうように伸びたばかりに、ジゴクノカマノフタ（地獄の釜の蓋(ふた)）と名付けられた植物（本名・キランソウ）がある。

放射状に広がる様を地獄の釜の蓋に見立てる一方、その釜を閉めるほど薬効があることも示している。実はさまざまな病気を直す、ありがたい薬草の名なのである。別名「医者殺し」「医者いらず」ともいう。

○ニシキゴロモ（錦衣）は、ほんのりと紅を差した葉に着目して付いた名だが、その名前の印象ほどではない。次も同じシソ科で花の姿が似ているがラショウモンカズラ（羅生門蔓）。誰が付けたか、花の形を、羅生門(平安京の正門)で渡辺綱が切り落とした鬼の腕に見立てたという、恐ろしいいわれの名である。

○他に、群れて咲いた様が泡たち寄せる波に見えるタツナミソウ（立浪草)、花を踊り子のかぶる笠に見立てたオドリコソウ(踊子草)など、シソ科植物には優美な名前がそろっている。

ヤツデ（八手）

ウコギ科／常緑低木／開花＊10〜11月
花ことば＊分別、親しみ

日の当たらない日陰で生育する。枝先に白い放射状の丸い花序が集まった複合花序で、多数の花が咲く。

葉は深い切り込みがある大きな掌状葉で、厚くつやがある。

名前のヤツデは八つに裂けることに由来する。葉は普通、奇数の七つか九つに裂け、偶数の八つに裂けるのはまれである。

花の句・うた

いまさかりなる花八ツ手誰も見ず　飯田龍太

サザンカ（山茶花）

ツバキ科／常緑小高木／開花＊11〜1月
花ことば＊理想の恋

暖地の山地に生え、白い花片が５枚で、平開きである。雄しべは多数で、ツバキのように筒状に合着することはない。

園芸種が多く、耐寒性で、八重咲きや赤色、ピンクや乳白色などのものがある。山茶花とは、漢名でツバキのこと。

日本では「ツバキ」と「サザンカ」を勘違いして、山茶花「サンサカ」と読んだ。サンサカから「サザンカ」に転訛（てんか）したという。

花の句・うた

二階からみてサザンカのさかりかな　久保田万太郎

ビワ（枇杷）

バラ科／常緑高木／開花＊12月
花ことば＊温和、ひそかな告白

葉は枝先に集まって互生し、革質。実の形が楽器の琵琶に似ていることから名付けられた。枝先に芳香のある白い花が密に咲くが、地味なので気が付きにくい。

花弁は5枚、葉の裏に褐色の綿毛が密生する。果実は翌年の5~6月ごろに黄褐色に熟す。

花の句・うた

枇杷咲いて長き留守なる館かな　　松本たかし

おもしろ園芸教室

植物の分類

- 胞子植物
  - シダ植物…シダ類、トクサ類など
  - コケ植物…蘚(せん)類、苔(たい)類、ツノゴケ類など
- 種子植物
  - 裸子植物…イチョウ科、マツ科など
  - 被子植物
    - 単子葉…イネ科、ラン科など
    - 双子葉
      - 合弁花…キク科、ナス科、ツツジ科など
      - 離弁花…バラ科、ツバキ科、モクレン科など

樹木の増やし方

◎種のまき方

子孫繁栄のため、種子を鳥や動物に遠くまで運んでもらうための運送料である果肉。おいしく食べた後の種を捨てずに、よく洗い（発芽抑制物質を取り除くため）、器に入れて種子の大きさの 2 倍ほど土をかけてまく。

ベランダや居間に置いて春を待つ(水分は切らさないこと)。

やがて芽を出すので、生長過程を観察する（ラベルを付けて、まいた日、発芽した日などを記入する)。

○キンカン、レモン発芽後は天敵のアゲハチョウの幼虫に注意する。

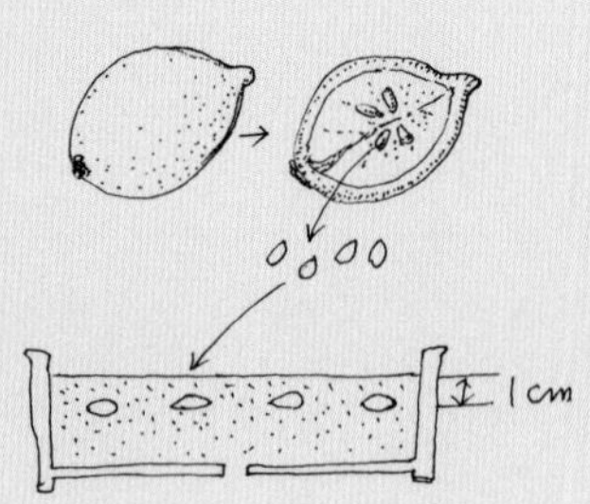

○ナンテン

鳥に食べられる直前の完熟種子をまく。

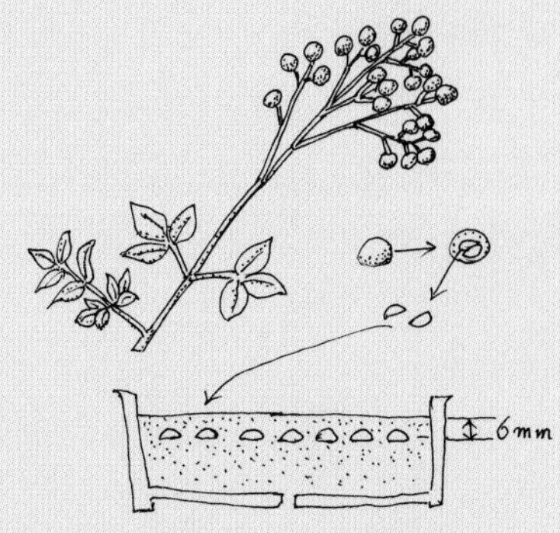

○アボカド

水耕栽培法を活用。

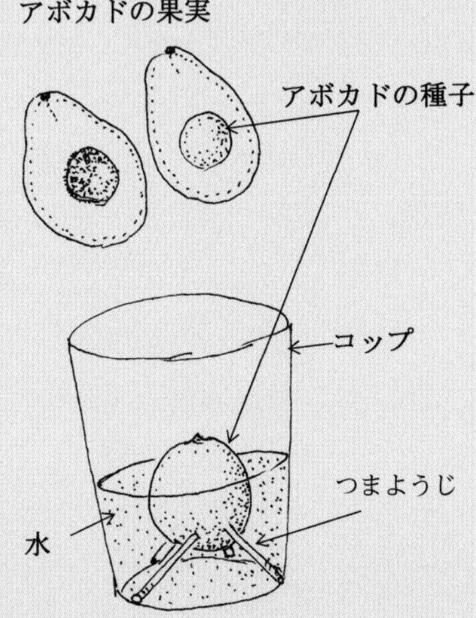

◎挿し木の方法

種から育てる「実生法」は、種をまいてから開花、結実までの期間が長く、親と同じ形質のものができるとは限らない。種類によっては種が採りにくいのもあるなどの問題がある。それらを一挙に解決してくれるのが「挿し木」である。

○挿し木用の土

保水力、通気性があること。鹿沼土、赤玉、川砂など。

○挿し床

日除け、風除けをつくる。

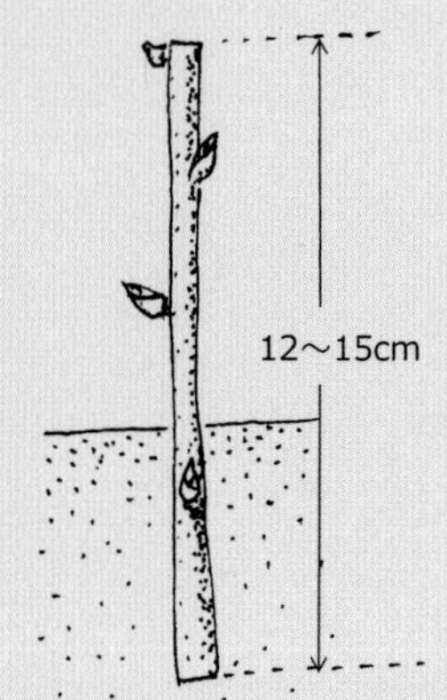

○挿し穂の採取と作り方

・落葉樹

　春挿し（3〜4月）前年枝の充実したものを挿し穂にする。レンギョウ、ヤナギなど。

・常緑樹

　春挿し、梅雨挿しが主で、挿し穂は当日の朝方に採取し水上げをして行なう。サツキ、ジンチョウゲ、ツバキなど。

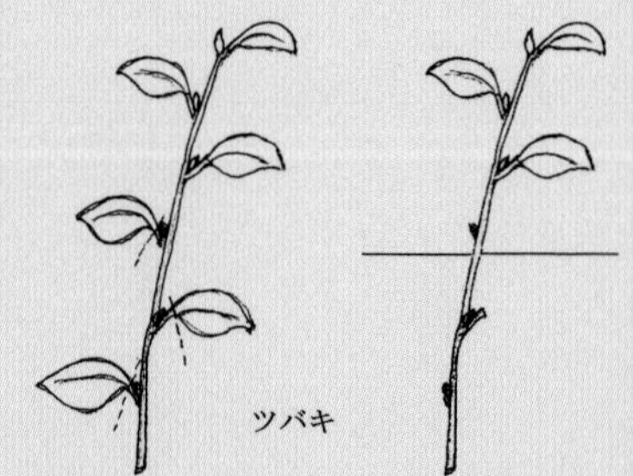

○接ぎ木

　親株から採取した穂木を接ぎ合わせて新しい1本の木を作り出す（3〜4月）。

肥料の性質と与え方

植物の生育には以下の養分が必要である。

○水と空気から得られるもの

C（炭素）、O（酸素）、H（水素）

○肥料の三要素（大量要素）

N（窒素）…葉肥えと呼ばれ葉、茎の生育を促進する。

P（リン酸）…実肥えと呼ばれ開花、結実を促進する。

K（カリウム）…根肥えと呼ばれ根、茎葉を丈夫にし耐病性を高める。

○中量、微量要素

量的にはそれほど多くとる必要はないが、人間に例えるとビタミン類の働きに相当する。

Ca（カルシウム）、Mg（マグネシウム）、S（硫黄）、Fe（鉄）、Mn（マンガン）、B（ホウ素）、Cu（銅）、Zn（亜鉛）、Mo（モリブデン）、Cl（塩素）

○施し方

(1) 元肥…植物を植える前に施す。

(2) 追肥…植物の生長に応じて施す。

(3) お礼肥…開花後や収穫後の弱った株の回復を図るために施す。

○肥料の種類

◎販売肥料

(1) 単肥 N…硫安、石灰窒素など。
P…過リン酸石灰など。
K…塩化カリウムなど。

(2) 配合肥料（化成肥料）

2成分以上含み、単肥と同じで速効性の肥料。

※肥料袋に表示される「3・5・3」は100グラム中にN3グラム、P5グラム、K3グラムを含むという意味。

(3) 緩効性肥料

油かす、骨粉、鶏ふんなど天然の有機物を加工したもの。

◎自給肥料

(1) 堆肥…落ち葉などと糞尿を混ぜて腐らせた（発酵）もの。

きゅう肥…家畜（牛、豚など）の糞尿と敷きわらを混ぜて腐らせたもの。

(2) 緑肥…春の田んぼや畑に咲いたレンゲの花を牛や馬に食べさせ、残りをその土にすき込む（窒素質肥料）。

※自給肥料は環境的に地球に優しく、有機栽培の基本である。

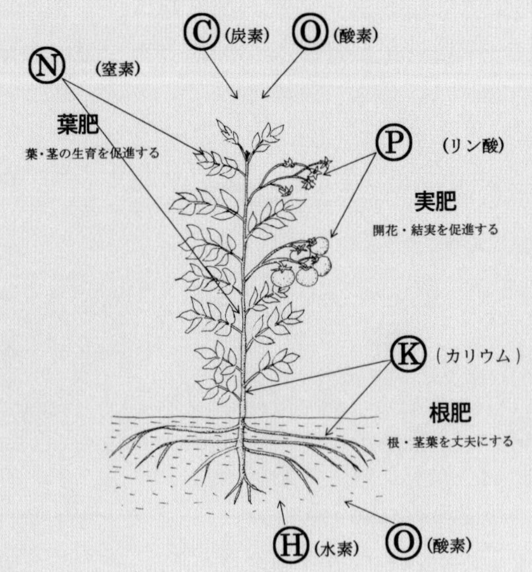

樹木の手入れ

植物が茂り過ぎると通風、採光が悪くなったり、樹形が乱れたり病気や害虫が発生するもとになる。茂り過ぎを防ぐ方法を紹介する。

○製枝・剪定

限られたスペースで新芽の発生や花芽の付きを良くするために製枝をすることが大切である。その方法として、不要な枝を切る（剪定）、枝を誘引して支柱を立てる―などがある。手入れの時期は次の通り。

落葉樹…休眠期の 11 月から 3 月の冬季。

常緑樹…萌芽が一段落する 5 月と 10 月。

○薬剤散布

植物の生育を阻む害虫、病原菌対策や生育に有益な薬剤を並べてみる。

殺菌剤…予防と治療の薬剤がある。

殺虫剤…食毒、接触、浸透性などがある。

除草剤…茎葉根から吸収型と接触型がある。

その他、成長調整剤、ホルモンなど。

※薬剤散布する際は、安全対策として、帽子、マスク、手袋などをできるだけ着用する。

海外原産の日本の草花（漢字の和名があるもの）

●スイセン
（水仙、ヒガンバナ科）
原産地・地中海沿岸
春一番に咲く。別名雪中花、葉や球根に毒がある。
花ことば自己愛。

●スイセンノウ
（酔仙翁、ナデシコ科）
メキシコ
嵯峨（京都市）の仙翁寺から広まった。株全体が柔らかい白毛で覆われている。

●ワスレナグサ
（忘れな草、ムラサキ科）
ヨーロッパ
花ことば「私を忘れないで」は、中世ドイツのドナウ川の悲恋伝説に由来する。
春の季語。

●シバザクラ
(芝桜、ハナシノブ科)
北アメリカ東部
別名ハナツメクサ。宿根草で各地に名所、芝桜祭りがある。

●ヒマワリ
(向日葵、キク科)
北アメリカ西部
真夏に日輪のような花を咲かせる。太陽に向かっては回らない。

●タチアオイ
(立葵、アオイ科)
中国
すっと伸びた茎に直径10センチほどの花を次々に咲かす。

●プリムラ
(西洋桜草、サクラソウ科)
ヨーロッパ
開花期の長い宿根草。ヨーロッパでの品種改良種が多く多彩。

●クロコスミア
(姫檜扇水仙、アヤメ科)
南アフリカ
夏に咲く球根類。丈夫で植えっぱなしでもよく増える。

●センニチソウ
(千日草・千日紅、ヒユ科)
アメリカ南部から南米
すこぶる長く咲く。ドライフラワーにも。
花弁でなく苞(ほう)を観賞。

●ヒャクニチソウ
(百日草、キク科)
メキシコ
夏の暑さにもめげず100日も咲き続けるという。
矮性(わいせい)のものをジニアという。

おわりに

身近に生えているさまざまな植物、その中で庭木、公園樹、時には里山に自生している木々の花の写真を撮っては、その名前の由来、植生、話題などを諸図鑑や事典、インターネットなどで楽しく調べてみました。

その途中で感じたのは、植えてある庭木は原種はほとんどなく、交配による園芸種で、そのため開花期や形態、花色などがさまざまであることや、中国から渡来したものが多いことなどです。

本書の上梓に当たっては、同好会や樹木医、造園家の方々からの資料や開花情報などを多く頂きました。編集に当たっては、河北新報出版センターの須永誠部長に大変お世話になりました。深く感謝いたします。

2020年7月　　　辺見　徳郎

協力していただいた方々

植物画	斉藤 信夫
カット	辺見 文彦
写真協力	円通院（宮城県松島町）
	行方　博
	真壁 幸雄
	高橋 昭男
	佐藤 郁子
	原田 祐市
	斎藤 顥喜
	辺見 健彦

辺見　徳郎（へんみ・とくろう）

1934年東松島市生まれ。東京農大農学部卒業。中学、高校教諭を経て県立仙台高等技術専門校造園科講師、文理ランドスケープ園芸専門学校環境園芸学科専任講師などを務める。宮城県環境教育リーダー、日本雑草学会会員、とうほく蘭展審査員。塩竈市花と緑の会、仙台野草会、塩釜市楓町植物倶楽部、松島円通野草会などに所属。塩釜市在住。

著書に「植物及び園芸」（文理出版）、「みやぎ野の花散歩みち」（河北新報出版センター）、「みやぎ野草花咲く散歩道」（同）。共著に「最新生物生命の探求・教授資料」（教育出版）、「高校新生物・教授資料」（啓林館）など。

みやぎ　木の花　散歩みち

発　行　2020年 9 月 10 日　第1刷
　　　　2023年 7 月 12 日　第2刷
著　者　辺見　徳郎
発行者　武井　甲一
発行所　河北新報出版センター
〒980-0022
仙台市青葉区五橋一丁目 2-28
株式会社河北アド・センター内
TEL　022(214)3811
FAX　022(227)7666
https:// www.kahoku-books.co.jp
印刷所　山口北州印刷株式会社

定価は表紙に表示してあります。
乱丁、落丁本はお取り替えいたします。

ISBN　978-4-87341-404-1